SHUXUE HEN MEI

数学很美

数学文化手记 2025

宋乃庆　主编

U0237984

西南大学出版社

国家一级出版社 全国百佳图书出版单位

图书在版编目（CIP）数据

数学很美：数学文化手记 2025 / 宋乃庆主编 .

重庆：西南大学出版社，2024. 6. -- ISBN 978-7-5697-

2507-0

Ⅰ . 01-49

中国国家版本馆 CIP 数据核字第 2024KY8682 号

数学很美——数学文化手记 2025 🐍

SHUXUE HENMEI —— SHUXUE WENHUA SHOUJI 2025

宋乃庆　主编

责任编辑：　王　宁

责任校对：　陈　郁

装帧设计：　叕十堂 _ 未　氓

照　　排：　南京观止堂文化发展有限公司

出版发行：　西南大学出版社

　　　　　　（地址：重庆市北碚区　邮编：400715）

插　　图：　重庆摩砚文化传播有限公司

印　　刷：　安徽新华印刷股份有限公司

成品尺寸：　110 mm×175 mm

印　　张：　24.25

字　　数：　370 千字

版　　次：　2024 年 6 月　　第 1 版

印　　次：　2024 年 6 月　　第 1 次印刷

书　　号：　ISBN 978-7-5697-2507-0

定　　价：　128.00 元

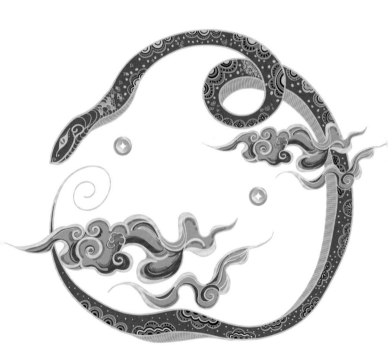

2025 年历

一月 JANUARY

一	二	三	四	五	六	日
		01	02	03	04	05
06	07	08	09	10	11	12
13	14	15	16	17	18	19
20	21	22	23	24	25	26
27	28	29	30	31		

二月 FEBRUARY

一	二	三	四	五	六	日
					01	02
03	04	05	06	07	08	09
10	11	12	13	14	15	16
17	18	19	20	21	22	23
24	25	26	27	28		

三月 MARCH

一	二	三	四	五	六	日
					01	02
03	04	05	06	07	08	09
10	11	12	13	14	15	16
17	18	19	20	21	22	23
24	25	26	27	28	29	30
31						

四月 APRIL

一	二	三	四	五	六	日
	01	02	03	04	05	06
07	08	09	10	11	12	13
14	15	16	17	18	19	20
21	22	23	24	25	26	27
28	29	30				

五月 MAY

一	二	三	四	五	六	日
			01	02	03	04
05	06	07	08	09	10	11
12	13	14	15	16	17	18
19	20	21	22	23	24	25
26	27	28	29	30	31	

六月 JUNE

一	二	三	四	五	六	日
						01
02	03	04	05	06	07	08
09	10	11	12	13	14	15
16	17	18	19	20	21	22
23	24	25	26	27	28	29
30						

七月 JULY

一	二	三	四	五	六	日
	01	02	03	04	05	06
07	08	09	10	11	12	13
14	15	16	17	18	19	20
21	22	23	24	25	26	27
28	29	30	31			

八月 AUGUST

一	二	三	四	五	六	日
				01	02	03
04	05	06	07	08	09	10
11	12	13	14	15	16	17
18	19	20	21	22	23	24
25	26	27	28	29	30	31

九月 SEPTEMBER

一	二	三	四	五	六	日
01	02	03	04	05	06	07
08	09	10	11	12	13	14
15	16	17	18	19	20	21
22	23	24	25	26	27	28
29	30					

十月 OCTOBER

一	二	三	四	五	六	日
		01	02	03	04	05
06	07	08	09	10	11	12
13	14	15	16	17	18	19
20	21	22	23	24	25	26
27	28	29	30	31		

十一月 NOVEMBER

一	二	三	四	五	六	日
					01	02
03	04	05	06	07	08	09
10	11	12	13	14	15	16
17	18	19	20	21	22	23
24	25	26	27	28	29	30

十二月 DECEMBER

一	二	三	四	五	六	日
01	02	03	04	05	06	07
08	09	10	11	12	13	14
15	16	17	18	19	20	21
22	23	24	25	26	27	28
29	30	31				

星期一	星期二	星期三	星期四	星期五	星期六	星期日
		01 元旦	02 初三	03 初四	04 初五	05 小寒
06 初七	07 腊八节	08 初九	09 初十	10 十一	11 十二	12 十三
13 十四	14 十五	15 十六	16 十七	17 十八	18 十九	19 二十
20 大寒	21 廿二	22 北方小年	23 南方小年	24 廿五	25 廿六	26 廿七
27 廿八	28 除夕	29 春节	30 初二	31 初三		

一

月

JAN.

2025

有趣的莫比乌斯带

　　相传有一天，德国数学家莫比乌斯随手用纸带扭结形成了一个纸圈，这时他惊奇地发现一只蚂蚁未跨过纸的边缘，却爬遍了整个纸带。一个伟大的发现就此诞生，他将这样的纸带称为"莫比乌斯带"，它只有一个面和一条边。

一月

01

星期三

农历甲辰年
腊月初二

2025

重要 紧急

元旦

今日学习计划

将长方形纸带的一端固定，另一端扭转 180° 与固定的一端黏合在一起便可得到莫比乌斯带。若我们从纸带某一点出发沿着一个方向一直画线，再画到起点时就可发现已经画过纸带的所有面，这就是单侧曲面的单侧性。

一
月

02

星期四

2025

农历甲辰年
腊月初三

重要 紧急

今日学习计划

莫比乌斯带有很多神奇之处。当我们用剪刀沿纸带中线剪开时，能得到一个两倍长的纸圈。它是一个比原来的莫比乌斯带空间大一倍、纸带端头扭转了两次再接合的莫比乌斯带。若沿纸带的三分之一处剪开，又会得到什么呢？

03

一月

星期五

2025

农历甲辰年
腊月初四

重要 紧急

今日学习计划

如果将莫比乌斯带沿其中线剪开一次后再剪开一次，我们得到的是一分为二的纸圈，而且是两条互相套着的纸圈。而原先的两条边界，则分别包含于两条纸圈之中。如果继续这样沿中线剪下去，我们又会得到什么神奇的发现呢？

一月

04

星期六

农历甲辰年
腊月初五

2025

重要 紧急

今日学习计划

莫比乌斯带在生活中有很多应用。例如，游乐园的过山车利用莫比乌斯带的特性，使其能在轨道两面通过。另外，立交桥、传送带的设计也用到了莫比乌斯带的知识。你还知道哪些莫比乌斯带在生活中的应用吗？

一月

05

星期日

农历甲辰年
腊月初六

2025

重要 紧急

小寒

今日学习计划

方田求积

古代的长度单位常用"步"来表示，以此来计量田亩的周长、面积。《方田求积》出自《九章算术》，其意为：一块方田长十五步，宽十六步，请问这块田的面积是多少。

提示：1 亩 = 240 平方步

（注：1 亩 ≈ 666.67 平方米）

今有田广十五步，从十六步，问为田几何。

06

一月

农历甲辰年
腊月初七

2025

重要 紧急

今日学习计划

个人拥有的文化的那部分（信仰、风俗、语言等）通过交流媒介与其他人拥有的持续联系。数学家必须在他的传统中加入某种传说，这一传统与数学本身一起构成其作为数学家生活其中之一般文化的子文化，即数学文化。

怀尔德
Raymond Louis Wilder

美国科学院院士
当代数学家
首位提出"数学文化"概念的学者

昨日答案

一亩

本书包含的数学趣题的解题思路等详见西南大学出版社天生云课程网站（https://course.xdcbs.com/pages/column/column.html）

07

一月

星期二

2025

农历甲辰年
腊月初八

重要 紧急

腊八节

今日学习计划

赵爽

生卒年不详，魏晋时期数学家。他将《周髀算经》中的勾股定理表述为："勾股各自乘，并之，为弦实。开方除之，即弦。"又给出了新的证明："按弦图，又可以勾股相乘为朱实二，倍之为朱实四，以勾股之差自相乘为中黄实，加差实，亦成弦实。"

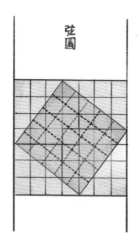

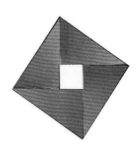

2002 年，在北京召开的国际数学家大会
就用这个"弦图"作为会标

一月

08

星期三

2025

农历甲辰年
腊月初九

重要 紧急

今日学习计划

刘徽

　　约 225 年—295 年，魏晋期间的数学家，中国古典数学理论的奠基人之一。他的杰作有《九章算术注》和《海岛算经》，他最早提出了分数除法法则，最早给出最小公倍数的严格定义，最早应用小数，最早提出非平方数开方的近似值公式和最早提出负数的定义及加法法则等。

一月

09

农历甲辰年
腊月初十

2025

重要 紧急

今日学习计划

刘徽的割圆术

刘徽提出的"割圆术"是将圆周用内接或外切正多边形穷竭的一种求圆面积和圆周长的方法，即"割之弥细，所失弥少，割之又割，以至于不可割，则与圆周合体而无所失矣"。他计算了 3072 边形面积并验证了这个值。刘徽提出的计算圆周率的科学方法领先世界千余年。

割之弥细

所失弥少

割之又割

以至于不可割

则与圆周合体

而无所失矣

刘徽的割圆术

10

一月

农历甲辰年
腊月十一

2025

重要 紧急

今日学习计划

刘徽与《九章算术注》

　　《九章算术》以问题集呈现，共有 246 个问题，每道题有问（题目）、答（答案）、术（解题的步骤），有的是一题一术，有的是多题一术或一题多术。这些问题依照性质和解法分别隶属于方田、粟米、衰（cui）分、少广、商功、均输、盈不足、方程及勾股。

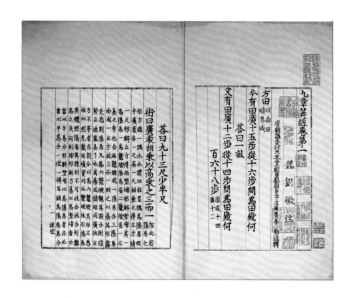

一月

11

星期六

农历甲辰年
腊月十二

2025

重要 紧急

今日学习计划

刘徽与《海岛算经》

  《海岛算经》是由刘徽编撰的最早的一部测量数学著作。《中国数学大系》对它的评价是："使中国测量学达到登峰造极的地步。在西欧直到十六十七世纪，才出现二次测量术的记载，到十八世纪，才有了三四次测量之术，可见中国古代测量学的意境之深，功用之广。"

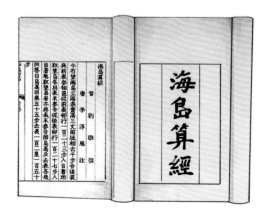

12

一月

星期日

农历甲辰年
腊月十三

2025

重要 紧急

今日学习计划

两鼠穿垣

出自《九章算术》，其意为：有一堵墙，厚为 5 尺，两只老鼠相对打洞穿墙。大老鼠第一天打 1 尺，以后每天的进度为前一天的 2 倍；小老鼠第一天打 1 尺，以后每天的进度是前一天的一半。问几天后两只老鼠相遇，各穿几尺。

今有垣厚五尺，两鼠对穿。大鼠日一尺，小鼠亦日一尺。大鼠日自倍，小鼠日自半。问：何日相逢？各穿几何？

13

一月

星期一

农历甲辰年
腊月十四

2025

重要 紧急

今日学习计划

历史已经证明，而且将继续证明，一个没有相当发达的数学的文化是注定要衰落的，一个不把数学作为一种文化的民族也是注定要衰落的。

齐民友

中国数学家、教育家
武汉大学原校长、教授
中国首批博士生导师

昨日答案

$2\frac{2}{17}$ 天后相遇，大老鼠穿墙 $3\frac{8}{17}$ 尺，小老鼠穿墙 $1\frac{9}{17}$ 尺。

一月

14

星期二

2025

农历甲辰年
腊月十五

重要 紧急

今日学习计划

美丽的数学曲线

库默曾说："一种奇特的美统治着数学王国，这种美不像艺术之美与自然之美那么相类似，但她深深感染着人们的心灵。"例如优美的蝴蝶曲线是由美国的坎普尔·费伊发现的可用特定的极坐标公式表达的一种平面代数曲线。

一月

15

星期三

2025

农历甲辰年
腊月十六

重要 紧急

今日学习计划

一个等边三角形，取每边中间的三分之一，接上一个形状相同但边长为其三分之一的三角形，结果为一个六角形。对六角形的每条边做同样的变换，以此重复，无穷无尽。图形形状与理想的雪花相似，这条曲线就是科克曲线。

一月

16

星期四

农历甲辰年
腊月十七

2025

重要 紧急

今日学习计划

玫瑰曲线是指极坐标表示为 $\rho = a \times \sin(n\theta)$（$a$ 为定长，n 为整数）的曲线，在平面内围绕某一中心点平均分布整数个正弦花瓣的曲线，因形似玫瑰而得名。当 n 是奇数时，玫瑰曲线是 n 个花瓣，当 n 是偶数时，玫瑰曲线是 $2n$ 个花瓣。

一月

17

星期五

农历甲辰年
腊月十八

2025

重要 紧急

今日学习计划

欧拉螺线是一种由曲率和弧长的线性关系定义的形状。它看上去是 S 形的，在"S"的两端会继续向内弯曲形成迅速收紧的螺旋形。科学家发现老鼠胡须形状各异，但都可用欧拉螺线来描述，而老鼠强大的敏锐性或许得归功于此。

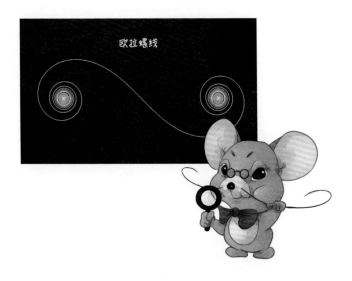

欧拉螺线

一月

18

星期六

农历甲辰年
腊月十九

2025

重要 紧急

今日学习计划

1650 年，52 岁的笛卡儿邂逅了 18 岁的公主。后来，他成为公主的数学老师并与其产生了感情。国王知道后，将笛卡儿驱逐回国。为避开国王并向公主示爱，笛卡儿寄出了一封"公式体"情书，即心形曲线：$r=a(1-\sin\theta)$，这就是著名的心形曲线。

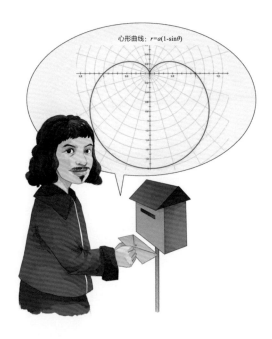

19

一月

星期日

2025

农历甲辰年
腊月二十

重要 紧急

今日学习计划

凫雁相逢

古代数学家在处理分数问题时常使用"齐同术"的思想方法，将异分母化为同分母处理，即通分。《九章算术》有一问：野鸭从南海飞往北海需要 7 天，大雁从北海飞往南海需要 9 天，如果两只鸟分别从南、北海同时起飞，问多少天后二鸟能够相遇。

今有凫起南海，七日至北海；雁起北海，九日至南海。今凫雁俱起，问何日相逢。

一月

20

星期一

2025

农历甲辰年
腊月廿一

重要 紧急

大寒

今日学习计划

数学文化指人类在进行数学行为活动中所创造的物质产品及精神产品，物质产品是指数学命题、数学方法、数学问题及数学语言等知识性成分，精神产品是指数学思想、数学意识、数学精神及数学美等观念性成分。

张奠宙

中国数学家、数学教育家
国际欧亚科学院院士
国际数学教育委员会原执行委员
华东师范大学教授

昨日答案

$3\frac{15}{16}$ 天

一月

21

星期二

2025

农历甲辰年
腊月廿二

重要 紧急

今日学习计划

祖冲之

429 年—500 年，南北朝时期杰出的数学家、天文学家。他在刘徽开创的探索圆周率的精确方法的基础上，首次将"圆周率"精算到小数点后第七位，即在 3.1415926 和 3.1415927 之间，他提出的"祖率"对数学的研究有重大贡献。直到 15 世纪，阿拉伯数学家阿尔·卡西才打破了这一纪录。

一月

22

2025

农历甲辰年
腊月廿三

重要 紧急

北方小年

今日学习计划

祖冲之环形山

为了纪念祖冲之在天文历法方面的贡献，人们将月球背面的一座环形山命名为祖冲之环形山，将小行星 1888 命名为祖冲之小行星。祖冲之在《大明历》中区分了回归年和恒星年，首次把岁差引进历法，测得岁差为 45 年 11 月差一度。岁差的引入是中国历法史上的重大进步。

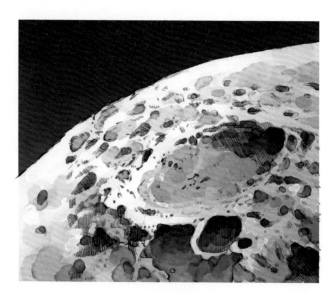

祖冲之环形山

23

一月

星期四

2025

农历甲辰年
腊月廿四

重要 紧急

南方小年

今日学习计划

祖冲之银币

  1986 年中国人民银行发行了中国杰出历史人物金银纪念币（第 3 组），其中 22 克银币背面图案之一是祖冲之，面额是 5 元。该银币由童友明设计雕刻，上面有"指南车"和"祖率"的图案。

一月

24

星期五

2025

农历甲辰年
腊月廿五

重要 紧急

今日学习计划

祖冲之纪念章

　　由上海造币有限公司铸造的祖冲之纪念章，正面图案为祖冲之头像、圆周率计算方式图等，背面图案由数字及数学进位制推算演化和如意银算盘组成。纪念章以算盘珠的形式，用圆中有孔的动静结合手法，将我国伟大科学家祖冲之的形象和科学成就展现了出来。

25

一月

星期六

农历甲辰年
腊月廿六

2025

重要 紧急

今日学习计划

秦九韶

　　1208 年—1268 年，南宋著名数学家，与李冶、杨辉、朱世杰并称宋元数学四大家。精研星象、音律、算术、诗词、弓、剑、营造之学，代表著作《数书九章》，其中的"大衍求一术""三斜求积术"和"秦九韶算法"是有世界意义的重要贡献。

一月

26

星期日

农历甲辰年
腊月廿七

2025

重要 紧急

今日学习计划

秦九韶与大衍求一术

　　大衍问题源于"物不知数"问题：今有物，不知其数，三三数之剩二，五五数之剩三，七七数之剩二，问物几何。这是现代数论中求解一次同余式组问题。秦九韶给出了解法并将其定名为"大衍求一术"，领先世界五百余年，欧洲直到 18 世纪德国数学家高斯才有类似的结论。

27

一月

星期一

农历甲辰年
腊月廿八

2025

重要 紧急

今日学习计划

秦九韶纪念馆

　　四川省安岳县人民政府于1998年9月9日投资300余万元兴建了秦九韶纪念馆，纪念馆位于安岳县城南郊一公里的云居山腰。馆的正殿，正中树有秦九韶的汉白玉雕像。其左右分别立有一匾，右匾记载了秦九韶的生平。

一月

28

星期二

2025

农历甲辰年
腊月廿九

重要 紧急

除夕

今日学习计划

五渠灌水

《九章算术》有一问：有一个池塘与五条沟渠都相通。只开第一条渠道，$\frac{1}{3}$ 天注满；只开第二条渠道，1 天注满；只开第三条渠道，两天半注满；只开第四条渠道，3 天注满；只开第五条渠道，5 天注满。如果五条渠道同时打开，问多少天可以把池塘注满。

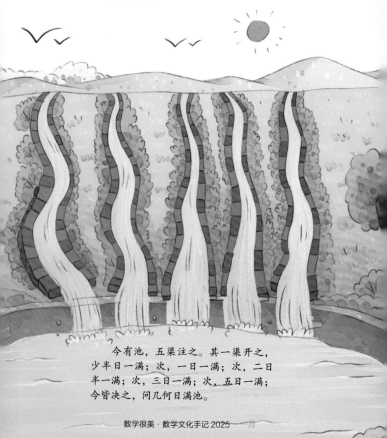

今有池，五渠注之。其一渠开之，少半日一满；次，一日一满；次，二日半一满；次，三日一满；次，五日一满；今皆决之，问几何日满池。

29

一月

星期三

农历乙巳年
正月初一

2025

重要 紧急

春节

今日学习计划

数学文化是一种由职业因素（在更为深的意义上，也可关系到居住地、民族等因素）联系起来的特殊群体（数学共同体）所特有的行为、观念和态度等，既指特定数学传统，也指数学家行为方式。

郑毓信

国际数学教育委员会原执行委员
南京大学教授

 昨日答案

$\dfrac{15}{74}$ 天

一月

30

星期四

农历乙巳年
正月初二

2025

重要 紧急

今日学习计划

哥尼斯堡的七桥问题

　　18世纪，哥尼斯堡一条大河上有两个小岛。于是，整个城市被分为四块陆地并由河上的七座桥联通。有人提问：一位步行者能否从某一陆地出发，不重复地经过每座桥一次，最后回到原来的出发地。这就是哥尼斯堡七桥问题。

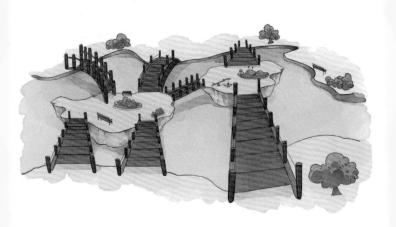

一
月

31

星期
五

农历乙巳年
正月初三

2025

重要 紧急

今日学习计划

星期一	星期二	星期三	星期四	星期五	星期六	星期日
					01 初四	02 初五
03 立春	04 初七	05 初八	06 初九	07 初十	08 十一	09 十二
10 十三	11 十四	12 元宵节	13 十六	14 情人节	15 十八	16 十九
17 二十	18 雨水	19 廿二	20 廿三	21 廿四	22 廿五	23 廿六
24 廿七	25 廿八	26 廿九	27 三十	28 二月		

FEB.

欧拉将七桥问题转化为了"一笔画"的问题。用 A、B、C、D 四点表示四块陆地，用两点间的线表示河上的桥得到图形。然后，笔不离纸，一笔画出完整的图形，且每一条线只许画一次。他以此证明了七桥问题的走法不存在。

01

二月

星期六

农历乙巳年
正月初四

2025

重要 紧急

今日学习计划

一个图形能否一笔画出有一个判定方法，若一个图形为连通图，即图形的奇数点为 0 个或者 2 个。（奇数点是指从某点发出的线条数量为奇数条，那么我们便称此点为奇数点）。而下图中的四个点都是与奇数条线相连的，则不能一笔画成。根据一笔画图形的判定方法也证明了七桥问题的走法是不存在的。

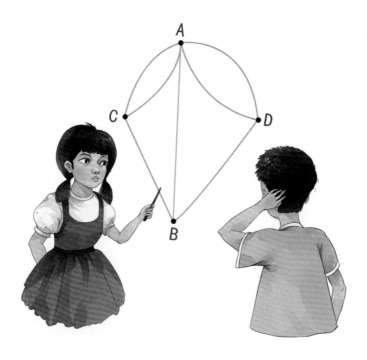

二月

星期日

农历乙巳年
正月初五

2025

重要 紧急

今日学习计划

如下图所示，这个图形共有 8 个顶点，有 4 个顶点连接了 4 条线，4 个顶点连接了 2 条线，都是与偶数条线相连的。根据判定方法，该图形是可以一笔画的。要求笔不准离开纸，且每一条线只许画一次，自己尝试画一画吧！

二月

03

星期一

农历乙巳年
正月初六

2025

重要 紧急

立春

今日学习计划

如果图形中含有曲线，"一笔画"的判定方法还成立吗？请尝试运用"一笔画"的判定方法来判断下面图形是否能够一笔画出，如果成立的话，请画出图形来验证这一方法。如果不成立的话，请说明具体的原因。尝试画一画吧！

二月

04

2025

农历乙巳年
正月初七

重要 紧急

今日学习计划

百鸡问题

"百鸡问题"出自《张邱建算经》，是世界著名的不定方程问题。其意为：一只公鸡 5 钱，一只母鸡 3 钱，三只小鸡 1 钱，用 100 钱买了一百只鸡，公鸡、母鸡、小鸡各有多少只？

今有鸡翁一，值钱五；鸡母一，值钱三；鸡雏三，值钱一。凡百钱，买鸡百只，问鸡翁、母、雏各几何。

二月

星期三

2025

农历乙巳年
正月初八

重要 紧急

今日学习计划

狭义的"数学文化"是指数学思想、精神、方法、观点，以及他们的形成和发展；广义的"数学文化"则除上述内涵以外，还包含数学史、数学家、数学美、数学教育、数学与人文的交叉、数学与各种文化的关系、等等。

顾 沛

首届"国家级教学名师"获得者
首位在高校开展"数学文化"课程的专家
南开大学教授

昨日答案

公鸡 4 只，母鸡 18 只，小鸡 78 只。（答案不唯一）

06

二月

农历乙巳年
正月初九

2025

重要 紧急

今日学习计划

杨辉

1127 年—1279 年，南宋杰出的数学家。他是世界上第一个排出丰富的纵横图和讨论其构成规律的数学家。著有《详解九章算法》《日用算法》《田亩比类乘除捷法》和《续古摘奇算法》等。

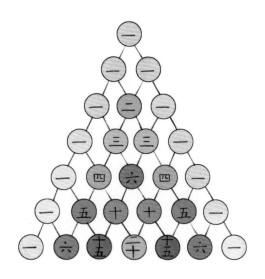

二月

星期五

2025

农历乙巳年
正月初十

重要 紧急

今日学习计划

李冶

　　1192 年—1279 年，金元时期的数学家，宋元数学四大家之一，著有《测圆海镜》和《益古演段》。李冶在数学上的主要贡献是天元术（设未知数并列方程的方法），"天元术"与现代代数中的列方程法类似，"立天元一为某某"，相当于"设 x 为某某"，可以说是符号代数的尝试。

二月

08

星期六

农历乙巳年
正月十一

2025

重要 紧急

今日学习计划

朱世杰

  1249 年—1314 年，元代数学家。他在"天元术"的基础上发展出"四元术"，列出四元高次多项式方程和给出消元求解方法，创造出"垛积法"与"招差术"，著有《算学启蒙》与《四元玉鉴》，被誉为"中世纪世界最伟大的数学家"。

二月

09

星期日

农历乙巳年
正月十二

2025

重要 紧急

今日学习计划

朱世杰与《四元玉鉴》

《四元玉鉴》介绍了朱世杰在多元高次方程组的解法——四元术、垛积术、招差术等方面的研究和成果。"四元术"设未知数天元（x），设地元（y）、人元（z）及物元（u），再列出二元、三元甚至四元的高次联立方程组，然后求解。在欧洲，公元16世纪才开始解联立一次方程。

二月

10

星期一

农历乙巳年
正月十三

2025

重要 紧急

今日学习计划

刘焯

544 年—610 年，隋代数学家、天文学家，著有《稽极》10 卷，《历书》10 卷，创立用三次差内插法来计算日月视差运动速度，推算出五星位置和日食、月食的起运时刻。这是中国历法史上的重大突破。

二月

11

2025

星期二

农历乙巳年
正月十四

重要 紧急

今日学习计划

王孝通

　　生卒年不详，中国唐代算历博士。毕生喜好数学，对《九章算术》和祖冲之的《缀术》都有深入研究，并在《上缉古算术表》一文中，对《九章算术》和《缀术》的不足之处都提出过批评。著有《缉古算经》，他在世界上最早提出三次方程式及其解法。

二月

12

星期三

农历乙巳年
正月十五

2025

重要 紧急

元宵节

今日学习计划

王恂

1235 年—1281 年，元代数学家。精通历算之学。 与郭守敬一起参与《授时历》的编制工作。王恂死后，他创造的历律计算法，由郭守敬等人整理成《推步》七卷、《立成》二卷、《历议拟稿》三卷、《转神选择》二卷、《上中下注释》十二卷留传后世。

13

二月

星期四

农历乙巳年
正月十六

2025

重要 紧急

今日学习计划

环山相会

我国古代数学家将最小公倍数从整数范围推广到分数中运用，《张邱建算经》中有一题：有座山的环山道路周长 325 里，甲、乙、丙三人环山而行，甲每天走 150 里，乙每天走 120 里，丙每天走 90 里，如果行走连续不断，问从同一点出发，三人多少天后能在原点重逢。

（注：1 里 =500 米）

今有封山周栈三百二十五里，甲、乙、丙三人同绕周栈而行，甲日行一百五十里，乙日行一百二十里，丙日行九十里。问周行几何日会。

二月

14

星期五

农历乙巳年
正月十七

2025

重要 紧急

今日学习计划

当我们说"数学与文化"的时候，似乎意味着这是两回事，然后再去讨论它们之间的关系。当我们说"数学的文化"的时候，可能仅仅意味着数学中存在有文化成分或文化因素的那些东西。当我们认为数学本身就是一种文化的时候，那便可以说"数学文化"。

张楚廷

数学教育家
获选"当代教育名家"称号
湖南师范大学原校长

 昨日答案

$10\dfrac{5}{6}$ 天

二月

15

星期六

农历乙巳年
正月十八

2025

重要 紧急

今日学习计划

最美的黄金分割比

　　为什么翩翩起舞的芭蕾舞演员要踮起脚？为什么时装模特要穿高跟鞋？她们会让人感到和谐、舒适和美是因为遵循了黄金分割比。黄金分割比是把一条线段分割为两部分，使其中一部分与全长之比等于另一部分与这部分之比。

二月

16

星期日

农历乙巳年
正月十九

2025

重要 紧急

今日学习计划

如图，点 B 把线段 AC 分为线段 AB 和 BC，$AB/AC = BC/AB$，即线段 AC 被点 B 黄金分割，点 B 是线段 AC 的黄金分割点。AB 与 AC 的比称作黄金比。黄金分割数是无理数，前面的 10 位为 0.6180339887。黄金分割的奇妙之处在于，其比例与其倒数是一样的。

二月

17

星期一

农历乙巳年
正月二十

2025

重要 紧急

今日学习计划

黄金分割比蕴藏着丰富的美学价值，在实际生活中被广泛应用。如：舞台上的报幕员为了美观和最好的声音传播效果会站在舞台长度的黄金分割点的位置；将二胡的"千斤"放在琴弦的黄金分割点，音色会无与伦比的美妙。

二月

18

星期二

农历乙巳年
正月廿一

2025

重要 紧急

雨
水

今日学习计划

艺术家们发现，按 0.618∶1 的比例完成的作品最优美。达·芬奇在《蒙娜丽莎》的创作中大量运用了黄金分割来构图，给了人们美的享受。古希腊的著名雕像断臂维纳斯的双腿被故意延长，以便获得与身高 0.618 的比值。

二
月

19

星期三

农历乙巳年
正月廿二

2025

重要 紧急

今日学习计划

建筑师们对黄金分割比也特别偏爱，法国的巴黎圣母院、埃菲尔铁塔，希腊的巴特农神庙，都有黄金分割比的影子。以文明古国埃及的金字塔为例，虽然形似方锥，大小各异，但这些金字塔地面的边长与高的比都接近于 0.618。

二
月

20

星期四

农历乙巳年
正月廿三

2025

重要 紧急

今日学习计划

三兵巡营

今有内营七百二十步，中营九百六十步，外营一千二百步。甲、乙、丙三人值夜，甲行内营，乙行中营，丙行外营，俱发南门。甲行九，乙行七，丙行五。问各行几何周，俱到南门。

《张邱建算经》中有一题：现在内营的周长为720步，中营的周长为960步，外营周长为1200步，甲、乙、丙三人值守，甲巡视内营，乙巡视中营，丙巡视外营，都从南门出发，三人单位时间内所行路程之比为9:7:5。问他们各巡视几圈后，又在南门相遇。

二月

21

星期五

农历乙巳年
正月廿四

2025

重要 紧急

今日学习计划

数学史研究数学概念、数学方法和数学思想的起源与发展，及其与社会政治、经济和一般文化的联系。

李文林

中国数学史家
中国数学会原秘书长
全国数学史学会原理事长

昨日答案

甲行十二周，乙行七周，丙行四周。

二月

22

星期六

农历乙巳年
正月廿五

2025

重要 紧急

今日学习计划

程大位

　　1533 年—1606 年，明代珠算发明家。著有《直指算法统宗》（简称《算法统宗》）。在程大位《算法统宗》以前，没有任何关于近代珠算算盘的完整叙述，他可谓集成计算的鼻祖。英国李约瑟评价说："在明代数学家当中，最引人注目的是程大位。"

23

二月

农历乙巳年
正月廿六

星期日

2025

重要 紧急

今日学习计划

华蘅芳

　　1833 年—1902 年，中国清末数学家。华蘅芳的数学研究成果主要见于他的《行素轩算稿》和《开方别术》等著作中，他提出求整系数高次方程的整数根的新方法——"数根开方法"，李善兰评价此法"较旧法简易十倍"。

二月

24

星期一

农历乙巳年
正月廿七

2025

重要 紧急

今日学习计划

梅文鼎

1633年—1721年，清初天文学家、数学家，为清代"历算第一名家"和"开山之祖"，与英国牛顿和日本关孝和并称为"三大世界科学巨擘"。

25

二月

星期二

农历乙巳年
正月廿八

2025

重要 紧急

今日学习计划

徐光启

1562 年—1633 年，明代著名科学家。他毕生致力于数学、天文、历法、水利等方面的研究，他翻译的《几何原本》极大地影响了中国原有的数学学习和研究的习惯，改变了中国数学发展的方向。

26

二月

农历乙巳年
正月廿九

2025

重要 紧急

今日学习计划

徐光启纪念馆

徐光启纪念馆位于上海市徐汇区南丹路17号，占地面积500余平方米，分为"世界眼光""科学精神""爱国情怀""高尚情操"四个部分，馆藏了徐光启画像、手稿手迹、文献著作等珍贵资料，展现徐光启精神的现实意义和当代价值。

27

二月

星期四

农历乙巳年
正月三十

2025

重要 紧急

今日学习计划

李善兰

1811 年—1882 年，中国近代著名的数学家，创立了二次平方根的幂级数展开式，研究各种三角函数、反三角函数和对数函数的幂级数展开式（现称"自然数幂求和公式"），这是李善兰也是 19 世纪中国数学界最重大的成就。

二月

28

星期五

农历乙巳年
二月初一

2025

重要 紧急

今日学习计划

西南大学出版社

已成为全国重要的基础教育出版阵地

● 西南大学出版社成立于1985年1月，是国家教育部主管、西南大学主办的集图书、电子音像、网络出版为一体的综合性大学出版社，拥有以学术著作、大中专教材、艺术教育图书、中小学课程标准教材、教师教育图书等为主导产品的出版物，已经形成"政治导向、改革聚力、人才支撑，教材为本、学术强基、艺术特色"的发展理念。

主编　宋乃庆教授

● 西南大学二级教授、博士生导师，国家级教学名师，当代教育名家，中国教育学会学术委员会原副主任，教育部基础教育课程教材专家工作委员会原副主任，原全国数学教育研究会副理事长，教育部西南基础教育课程研究中心主任，西南大学基础教育研究中心主任，中国基础教育质量监测协同创新中心首席专家，主编（副主编）8套中小学数学实验教材，其中4套被列为国家规划教材。

星期一	星期二	星期三	星期四	星期五	星期六	星期日
					01 初二	02 初三
03 初四	04 初五	05 惊蛰	06 初七	07 初八	08 妇女节	09 初十
10 十一	11 十二	12 植树节	13 十四	14 十五	15 十六	16 十七
17 十八	18 十九	19 二十	20 春分	21 廿二	22 廿三	23 廿四
24 廿五	25 廿六	26 廿七	27 廿八	28 廿九	29 三月	30 初二
31 初三						

三月

MAR.

胡明复

1891 年—1927 年，中国近代数学家，是中国在国外以攻读数学获得博士学位的第一人。胡明复的博士论文是中国人在美国发表最早的算学论文。1927 年 6 月 12 日，在无锡溺水身亡。中国科学院在上海建明复图书馆（今陕西南路黄浦区明复图书馆）以志纪念。

三月

01

星期六

农历乙巳年
二月初二

2025

重要 紧急

今日学习计划

兄弟分绢

　　今有孟、仲、季兄弟三人，各持绢不知匹数。大兄谓二弟曰："我得汝等各半，得满七十九匹。"中弟曰："我得兄弟绢各半，得满六十八匹。"小弟曰："我得二兄绢各半，得满五十七匹。"问兄弟本持绢各几何。

　　《张邱建算经》中有一题：兄弟三人各有绢布若干匹，大哥说他如果得到两个弟弟的一半绢布，则有 79 匹布，二哥说如果得到两个兄弟的一半绢布，则有 68 匹布，三弟说如果得到两个哥哥的一半绢布，则有 57 匹布。问兄弟三人原来各有绢布多少匹。

三月

02

星期日

农历乙巳年
二月初三

2025

重要 紧急

今日学习计划

数学史研究具有三重目的：一是为历史而历史，即恢复历史的本来面目；二是为数学而历史，即古为今用，洋为中用，为现实的数学研究的自主创新服务；三是为教育而历史，即将数学史应用于数学教育，发挥数学史在培养现代化人才方面的教育功能。

李文林

中国数学史家
中国数学会原秘书长
全国数学史学会原理事长

昨日答案

大哥 56 匹，二哥 34 匹，三弟 12 匹。

03

三月

农历乙巳年
二月初四

2025

重要 紧急

今日学习计划

七巧板

七巧板是启智玩具之一，其历史可追溯到公元前1世纪，到明代基本定型，于明、清两代在民间广泛流传。《冷庐杂识》卷一中写道："近又有七巧图，其式五，其数七，其变化之式多至千余……"在18世纪，七巧板流传至国外。

三月

星期二

农历乙巳年
二月初五

2025

重要 紧急

今日学习计划

七巧板是由一个正方形切割成的七块几何平板，包括五块等腰直角三角形（中型三角形一块、小型三角形和大型三角形各两块）、正方形和平行四边形各一块。七巧板的材质不一，其流行大概是因为操作简便且趣味十足。

三月

05

星期三

农历乙巳年
二月初六

2025

重要 紧急

惊蛰

今日学习计划

七巧板是一种拼图游戏，要求以各种不同的拼凑方法来拼搭千变万化的形象图案。用七巧板可拼成的图形超过 1600 种，包括规则几何图形、不规则多边形等；各种人物、动物、桥、房、塔等；一些中、英文字母等。

三月

06

星期四

农历乙巳年
二月初七

2025

重要 紧急

今日学习计划

七巧板能启发儿童智力，让儿童建立形状概念，促进视觉记忆、手眼协调。其不仅能帮助幼儿连接实物与形态的桥梁，培养幼儿的观察力、想象力和创造力，还可以帮助学生认识各种几何图形、数字，认识周长和面积的意义等。

三月

星期五

农历乙巳年
二月初八

2025

重要 紧急

今日学习计划

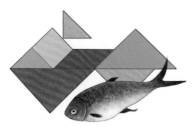

通常，七巧板的玩法主要有 4 种：①依图成形，即从已知图形排出答案；②见影排形，从已知的图形找出一种及以上的排法；③自创图形，自行创新玩法、排法；④数学研究，利用七巧板来求解或证明数学问题。

三月

08

星期六

农历乙巳年
二月初九

2025

重要 紧急

妇
女
节

今日学习计划

有趣的田亩

现在人们所见田亩大多为长（正）方形、梯形等，在古代，田亩的形状可没这么规整。《五曹算经》中关于田亩面积计算问题，将田亩分为了：方田、鼓田、腰鼓田、箫田、蛇田、邱田、覆月田、四不等田、牛角田等，并给出了不同形状的田亩面积近似计算公式。

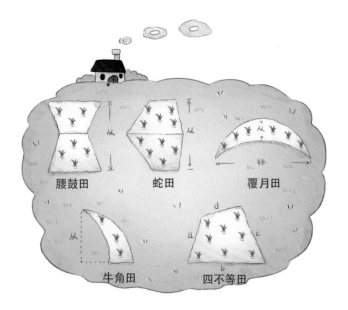

三月

09

农历乙巳年
二月初十

2025

重要 紧急

今日学习计划

如果您的教学始终只是停留于知识与技能的层面，您就只能算是一个"教书匠"；如果您的教学能够很好地体现数学的思维，您就是一个"智者"，您给学生带来了真正的智慧；如果您的数学教学能给学生无形的文化熏陶，那么，即使您只是一个小学教师、即使您身处偏僻的深山或边远地区，您也是一个真正的大师，您的生命也因此而充满了真正的价值。

郑毓信

国际数学教育大会程序委员会委员
南京大学教授

10

三月

农历乙巳年
二月十一

2025

重要 紧急

今日学习计划

姜立夫

1890 年—1978 年，中国当代数学家，数学教育家，是我国数学界几何学方面的权威，温州最早的洋博士，南开大学数学系的创始人。从事圆素和球素几何学的研究，对中国现代数学教学与研究的发展有重要贡献。

三
月

11

星期二

农历乙巳年
二月十二

2025

重要 紧急

今日学习计划

陈建功

1893 年—1971 年，中国当代数学家、数学教育家，中国函数论研究的开拓者之一。复旦大学、杭州大学教授。毕生从事数学教育和研究，在函数论，特别是三角级数方面卓有成就，创立了具有特色的函数论学派（陈苏学派），享有国际声誉。

三月

12

农历乙巳年
二月十三

2025

重要 紧急

植树节

今日学习计划

苏步青

　　1902 年—2003 年，中国当代数学家，中国科学院院士，中国微分几何学派创始人，被誉为"东方国度上灿烂的数学明星""东方第一几何学家""数学之王"。著有《数与诗的交融》与《仿射微分几何》。

三月

13

星期四

2025

农历乙巳年
二月十四

重要 紧急

今日学习计划

苏步青故居

苏步青故居位于浙江省平阳县腾蛟镇腾带村，1902年苏步青诞生在这里，并度过了他的少年时代。1996年，苏步青故居被平阳县列为第五批文物保护单位，2000年被温州市委、市政府命名为爱国主义教育基地。故居中摆放着苏步青的平生事迹、家庭背景及子女的各种资料。

三月

14

农历乙巳年
二月十五

2025

重要 紧急

今日学习计划

苏步青奖

　　2003 年 7 月，国际工业与应用数学联合会（ICIAM）决定设立"ICIAM 苏步青奖"，奖励在数学对经济腾飞和人类发展的应用方面做出贡献的个人。每四年颁发一次，每次一人，奖金 1000 美元，并提供得奖者参加 ICIAM 大会颁奖的来回机票及当地食宿费用。

苏步青和复旦大学数学系师生在一起（1980 年）

三月

15

星期六

农历乙巳年
二月十六

2025

重要 紧急

今日学习计划

苏步青

应用数学奖

　　中国工业与应用数学学会于 2003 年 10 月设立了苏步青应用数学奖，旨在奖励在数学对经济、科技及社会发展的应用方面做出杰出贡献的研究者，候选对象必须具有中国国籍。每两年评选一次，每次不超过两名，2010 年起，每位得奖者奖金 10 万元，是应用数学学科在国内的最高奖项。

三月

16

2025

农历乙巳年
二月十七

重要 紧急

今日学习计划

苏步青

数学教育奖

1991 年 9 月，根据项武义教授夫妇和谷超豪院士、胡和生院士夫妇的共同倡议，复旦大学、上海市教育局、上海市中小学幼儿教师奖励基金会联合发起设立了"苏步青数学教育奖"，该奖项是国内第一个奖励从事中学数学教育工作者的奖项，也是我国中学数学教育界最高奖。

三月

17

星期一

农历乙巳年
二月十八

2025

重要 紧急

今日学习计划

熊庆来

　　1893 年—1969 年，中国当代数学家，中国函数论的主要开拓者之一。1926 年创办清华大学算学系，1933 年获得法国国家理科博士学位，成为第一个获此学位的中国人。在他的博士论文中定义的"无穷级函数"，国际上称为"熊氏无穷数"。

三月

18

星期二

农历乙巳年
二月十九

2025

重要 紧急

今日学习计划

端匹互隐

出自《四元玉鉴》。其意为：今有锦 1 匹，先卖了 3 尺，剩下的卖了 2 贯 975 文。只知道匹长比尺价少 47，问匹长、尺价各为多少。

提示：1 贯 =1000 文，1 丈 =10 尺。

今有锦一匹，先卖了三尺，余卖得钱二贯九百七十五文。只云匹长不及尺价四十七文。问：匹长、尺价各几何。

三月

19

星期三

农历乙巳年
二月二十

2025

重要 紧急

今日学习计划

数学作为文化的一部分，其最根本的特征使它表达了一种探索精神。

齐民友

中国数学家、教育家
武汉大学原校长、教授
中国首批博士生导师

匹长 3 丈 8 尺，尺价 85 文。

20

三月

星期四

农历乙巳年
二月廿一

2025

重要 紧急

春分

今日学习计划

数独

数独是源自 18 世纪瑞士的数学游戏。它是一种运用纸、笔进行演算的逻辑游戏。玩家需要根据 9×9 盘面上的已知数字，推理出所有剩余空格的数字，并满足每一行、每一列、每一个粗线宫（3×3）内的数字均含 1—9 且不重复。

21

三月

农历乙巳年
二月廿二

2025

重要 紧急

今日学习计划

数独盘面是个九宫格，每一宫又分为九个小格。在这八十一格中给出一定的已知数字和解题条件，利用逻辑和推理，在其他的空格上填入 1—9 的数字。使 1—9 每个数字在每一行、每一列和每一宫中都只出现一次，所以又称"九宫格"。

三月

22

星期六

2025

农历乙巳年
二月廿三

重要 紧急

今日学习计划

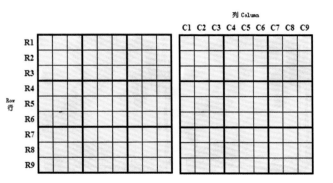

数独的基础解法有摒除法和唯一余数法。摒除法的规则是：1—9 的数字在每行、每列、每宫都只能出现一次，可分为行摒除、列摒除和九宫格摒除。唯一余数法指当某行已填宫格达到 8 个，那么该行未出现过的数字即是行唯一解。

三月

23

星期日

农历乙巳年
二月廿四

2025

重要 紧急

今日学习计划

数独的种类丰富，除了常见的九宫数独外，还有对角线数独、杀手数独、对角线杀手数独、无宫格老板数独、无宫格老板对角数独、无九宫数独、蜂巢数独、锯齿数独、锯齿对角数独、窗口数独等各种类型的数独。

三月

24

星期一

农历乙巳年
二月廿五

2025

重要 紧急

今日学习计划

数独作为一项风靡世界、融合古今中外学问的益智游戏，有助于增强逻辑推理能力，沉淀平稳之力，能提高人的专注力、记忆力、观察力、想象力等。请运用数独的规则和解法在下面的数独游戏中探索其魅力吧！

2		5	9				1	
		4					2	9
8			3					
5	4	3		9				
		5		1				
			3			5	7	2
				3				5
6	7			5				
	5				9	8		4

25

三月

星期二

农历乙巳年
二月廿六

2025

重要 紧急

今日学习计划

壶中多少酒

出自《四元玉鉴》，其意为：我有一壶酒，携着去春游。遇到酒店添一倍，遇到朋友饮一斗。酒店、朋友各 3 处，喝完壶中酒。壶中原有多少酒？

三月

26

星期三

农历乙巳年
二月廿七

2025

重要 紧急

今日学习计划

数学文化就是要"文而化之"。

张奠宙

中国数学家、数学教育家
国际欧亚科学院院士
国际数学教育委员会原执行委员
华东师范大学教授

昨日答案

$\frac{7}{8}$ 斗

三月

27

农历乙巳年
二月廿八

2025

重要 紧急

今日学习计划

华罗庚

　　1910 年—1985 年，中国当代数学家，中国科学院院士，美国国家科学院外籍院士，被誉为"中国现代数学之父""中国现代数学之父""人民数学家"。被芝加哥科学技术博物馆列为当今世界 88 位数学伟人之一。

三月

28

星期五

农历乙巳年
二月廿九

2025

重要 紧急

今日学习计划

华罗庚的优选法

　　华罗庚创立的优选法是以数学原理为指导，合理安排试验，以尽可能少的试验次数尽快找到生产和科学实验中最优方案的科学方法。优选法能以较少的实验次数迅速找到较优方案，在不增加设备、物资、人力和原材料的条件下，缩短工期，提高产量和质量，降低成本。

华罗庚（左）在农村讲解推广优选法

三月

29

星期六

农历乙巳年
三月初一

2025

重要 紧急

今日学习计划

华罗庚与统筹法

统筹法是指以网络图反映、表达计划安排，据以选择最优工作方案，组织协调和控制生产（项目）的进度（时间）和费用（成本），使其达到预定目标，获得更佳经济效益的一种优化决策方法。华罗庚用"泡壶茶喝"为例通俗易懂地介绍统筹法。当时的情况是：开水没有，开水壶要洗，茶壶茶杯要洗；火已升了，茶叶也有了。怎么办？

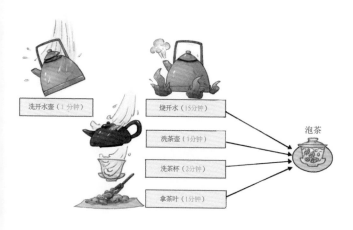

洗开水壶（1分钟）

烧开水（15分钟）

洗茶壶（1分钟）

洗茶杯（2分钟）

拿茶叶（1分钟）

泡茶

30

三月

农历乙巳年
三月初二

2025

重要 紧急

今日学习计划

华罗庚纪念馆

华罗庚纪念馆位于金坛城南风景区，占地 25000 平方米，建筑面积 2050 平方米，共分六部分："当代自学成才的科学巨匠""我国知识分子的优秀代表""著名的社会活动家""精心扶持新一代成长的杰出教育家""工作到生命的最后一刻""华罗庚与故乡"。

31

三月

农历乙巳年
三月初三

2025

重要 紧急

今日学习计划

星期一	星期二	星期三	星期四	星期五	星期六	星期日
	01 初四	02 初五	03 初六	04 清明节	05 初八	06 初九
07 初十	08 十一	09 十二	10 十三	11 十四	12 十五	13 十六
14 十七	15 十八	16 十九	17 二十	18 廿一	19 廿二	20 谷雨
21 廿四	22 廿五	23 廿六	24 廿七	25 廿八	26 廿九	27 三十
28 四月	29 初二	30 初三				

四月

APR.

华罗庚奖

　　为缅怀华罗庚先生的巨大功绩，激励中国数学家在发展中国数学事业中做出突出贡献，促进中国数学发展，1991年，由湖南教育出版社捐资，与中国数学会共同主办"华罗庚数学奖"。华罗庚数学奖每两年评选和颁发一次，获奖人年龄在50岁至70岁之间。

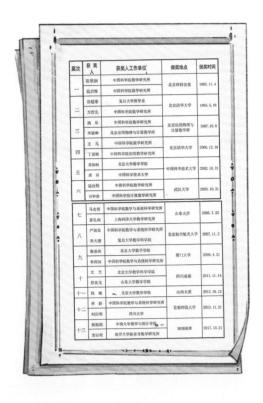

届次	获奖人	获奖人工作单位	颁奖地点	颁奖时间
一	陈志润	中国科学院数学研究所	北京科技会堂	1992.11.4
	陆启铿	中国科学院数学研究所		
二	谷超豪	复旦大学数学系	北京清华大学	1995.5.18
	万哲先	中国科学院数学研究所		
三	杨乐	中国科学院数学与计算数学所	北京应用物理与计算数学所	1997.10.8
	胡国定	北京应用物理与计算数学所		
四	王元	中国科学院数学研究所	北京清华大学	2000.12.18
	丁夏畦	中国科学院应用数学研究所		
五	姜伯驹	北京大学数学学院	中国科学技术大学	2002.10.31
	吴文俊	中国科学技术大学		
六	陆汝钤	中国科学院数学研究所	武汉大学	2003.10.31
	石钟慈	中国科学院计算数学研究所		
七	马志明	中国科学院数学与系统科学研究院	山东大学	2005.7.25
	姜礼尚	上海同济大学数学研究所		
八	严加安	中国科学院数学与系统科学研究院	北京航空航天大学	2007.11.2
	李大潜	复旦大学数学科学院		
九	张伟庚	北京大学数学学院	厦门大学	2009.4.21
	李邦河	中国科学院数学与系统科学研究所		
十	文兰	北京大学数学科学学院	四川成都	2011.11.14
	郭雷宏	山东大学数学学院		
十一	钱敏	北京大学数学学院	山西太原	2013.10.12
十二	林群	中国科学院数学与系统科学研究所	首都师范大学	2013.11.21
	刘应明	四川大学		
十三	侯振挺	中南大学数学与统计学院	湖南湘潭	2017.10.21
	龙以明	南开大学陈省身数学研究所		

四月

01

农历乙巳年
三月初四

2025

重要 紧急

今日学习计划

华罗庚金杯奖

　　"华罗庚金杯"少年数学邀请赛（简称"华杯赛"）是 1986 年始创的全国性大型少年数学竞赛活动，由中国少年报社（现为中国少年儿童新闻出版总社）、中国优选法统筹法与经济数学研究会、中央电视台青少中心等单位联合发起并主办的。

四月

星期三

2025

农历乙巳年
三月初五

重要 紧急

今日学习计划

梨与果

九百九十九文钱，及时梨、果买一千。一十一文梨九个，七枚果子四文钱。借问四方能算者，几多梨、果几分钱？

出自《四元玉鉴》，其意为：999文钱可以买新鲜的梨、果共1000个，11文钱可买9梨，4文钱可买7枚果子。求梨、果的数量和单价。

03

四月

星期四

农历乙巳年
三月初六

2025

重要 紧急

今日学习计划

数学文化是数学知识、思想方法及其在人类活动的应用以及与数学有关的民俗习惯和信仰的总和。

代 钦

全国数学教育研究会秘书长
内蒙古师范大学教授

昨日答案

梨 657 个，价 803 文，单价 $\frac{11}{9}$ 文；果 343 枚，价 196 文，单价 $\frac{4}{7}$ 文。

四月

04

农历乙巳年
三月初七

2025

重要 紧急

清明节

今日学习计划

田忌赛马

　　战国时期，齐国有一位大将军田忌，他非常喜欢赛马。田忌经常与齐国的诸位公子赛马，并设重金作为赌注。有一回，田忌和齐威王约定，要进行一场赛马比赛。他们首先商量好，把各自的马都分成上等、中等和下等三种等级。

四月

星期六

农历乙巳年
三月初八

2025

重要 紧急

今日学习计划

在比赛的时候，齐威王总是用自己的上等马对田忌的上等马，自己的中等马对田忌的中等马，自己的下等马对田忌的下等马。由于齐威王每个等级的马都比田忌的相同等级的马要强一些，所以比赛了几次后，田忌都通通失败了。

四月

06

农历乙巳年
三月初九

2025

重要 紧急

今日学习计划

有次，田忌又败，沮丧地准备离开。这时，田忌的好朋友孙膑对他说："你若用我的方法，一定取胜。"田忌虽心有疑惑，但还是应下。一声锣响，比赛开始。孙膑先让田忌用自己的下等马对齐威王的上等马，第一局田忌输了。

你若用我的方法，一定取胜。

四月

星期一

农历乙巳年
三月初十

2025

重要 紧急

今日学习计划

接着进行第二场赛马比赛。孙膑让田忌用自己的上等马对齐威王的中等马，获胜了一局。齐威王有点慌乱了。第三局比赛，孙膑让田忌用自己的中等马对齐威王的下等马，又战胜一局。比赛的结果是三局两胜，田忌赢了齐威王。

四月

08

星期二

2025

农历乙巳年
三月十一

重要 紧急

今日学习计划

同样的马匹，调换比赛的出场顺序，就能转败为胜，这正是运筹学中的对策论在生活中的应用。想获得最终的胜利，就要明确自身的优势与弱势，在权衡之间实现利益的最大化。生活中用到对策论的情况比比皆是，如篮球比赛。

四月

09

星期三

农历乙巳年
三月十二

2025

重要 紧急

今日学习计划

浮屠增级歌

出自《算法统宗》，其意为：有一座 7 层塔，共有 381 盏灯，自上而下每层塔的灯数成倍增加，求这座塔的顶层有几盏灯。

远望巍巍塔七层，红光点点倍加增，共灯三百八十一，请问顶层几盏灯。

四月

10

星期四

农历乙巳年
三月十三

2025

重要 紧急

今日学习计划

数学文化是数学知识、数学精神、数学思想、数学方法、数学思维、数学意识、数学事件等的总和。

宋乃庆

教育部基础教育课程教材专家工作委员会原副主任
中国教育学会原副会长
当代教育名家
国家级教学名师
《数学文化》主编
西南大学教授

顶层三盏。

四月

11

星期五

农历乙巳年
三月十四

2025

重要 紧急

今日学习计划

钟家庆

　　1937 年—1987 年，中国当代数学家，致力于多复变函数与微分几何的研究。其代表性成果是关于紧黎曼流形上的拉普拉斯函数特征值，证明了非负全纯双截曲率的紧凯勒——爱因斯坦流形必等度于紧的厄尔密对称空间，曾荣获首届"陈省身数学奖"。

四月

12

星期六

农历乙巳年
三月十五

2025

重要 紧急

今日学习计划

钟家庆奖

　　数学界有关人士于 1987 年共同筹办了钟家庆基金，并设立了钟家庆数学奖，用以表彰与奖励最优秀的数学专业的博士研究生，鼓励更多的年轻学者献身于数学事业。中国数学会负责该奖项的评奖与颁奖工作，奖金由高等教育出版社提供。

四月

13

星期日

农历乙巳年
三月十六

2025

重要 紧急

今日学习计划

许宝騄

　　1910 年—1970 年，中国当代数学家，中国科学院院士，是我国概率统计学的奠基人，被公认为在数理统计和概率论方面第一个具有国际声望的中国数学家。外国学者称赞许宝騄是"20 世纪最深刻，最富有创造性的统计学家之一"。

四月

星期一

农历乙巳年
三月十七

2025

重要 紧急

今日学习计划

陈景润

1933 年—1996 年，中国当代数学家。他研究哥德巴赫猜想和其他数论问题的成就，至今仍然在世界上遥遥领先，被称为哥德巴赫猜想第一人。美国学者安德烈·韦伊（André Weil）曾这样称赞他："陈景润的每一项工作，都好像是在喜马拉雅山山巅上行走。"

四月

15

星期二

农历乙巳年
三月十八

2025

重要 紧急

今日学习计划

吴文俊

1919 年—2017 年，中国当代数学家，中国科学院院士，获 2000 年度国家最高科学技术奖。吴文俊的主要研究成就表现在拓扑学和数学机械化两个领域，被国际数学界称为"吴公式""吴示性类""吴示嵌类"，至今仍被国际同行广泛引用。

四月

16

星期三

农历乙巳年
三月十九

2025

重要 紧急

今日学习计划

吴文俊星

国际永久编号 7683 号小行星发现于 1997 年。2010 年国际小行星中心将其永久命名为"吴文俊星"。

17

四月

星期四

农历乙巳年
三月二十

2025

重要 紧急

今日学习计划

哑子买肉歌

哑子来买肉，难言钱数目，一斤少四十，九两多十六，试问能算者，应得多少肉。

出自《算法统宗》。在古代，1 斤 =16 两。也因此古代有"半斤八两"的说法。

四月

18

星期五

农历乙巳年
三月廿一

2025

重要 紧急

今日学习计划

数学史的重要性表现在数学为人类文明所做的贡献。

卡约里

F. Cajori
美国数学家和科学史家
著有《数学史》《数学符号史》

 昨日答案

每两肉 8 文，可以买到 11 两肉。

四月

19

星期六

农历乙巳年
三月廿二

2025

重要 紧急

今日学习计划

幻方

　　在由若干排列整齐的数组成的正方形中，任意一行、一列及对角线的数之和都相等，具有这种性质的图表称为"幻方"。幻方起源于中国，后由印度、阿拉伯等地传到西方，因其奇幻的特性被称为 Magic Square，即"幻方"或"魔方"。

四月

20

农历乙巳年
三月廿三

2025

重要 紧急

谷雨

今日学习计划

关于幻方的起源，中国有"河图"和"洛书"之说。相传远古时期的伏羲氏取得天下后治国有序，感动上苍。于是，黄河中跃出龙马，背驮一张图，将其献给他，此为"河图"——最早的幻方。伏羲氏凭借"河图"演绎出八卦。

四月

21

星期一

农历乙巳年
三月廿四

2025

重要 紧急

今日学习计划

大禹治洪水时，洛水中浮出一只背上有图有字的大乌龟，人们称之为"洛书"。"洛书"中共有黑、白圆圈45个。分别把这些连在一起的小圆及其数目表示出来，得到9个数，组成一个纵横图，人们将其称为3阶幻方。

四月

22

星期二

农历乙巳年
三月廿五

2025

重要 紧急

今日学习计划

幻方是中国的传统游戏。中国不仅拥有幻方的发明权，而且对其有深入研究。公元 13 世纪的数学家杨辉已经编制出 3—10 阶幻方，记载在他写的《续古摘奇算法》。在欧洲，德国著名画家丢勒直到 1514 年才绘制出完整的四阶幻方。

23

四月

农历乙巳年
三月廿六

2025

重要 紧急

今日学习计划

历代的数学家们，都喜欢研究幻方。现在的幻方种类繁多，除了最简单的平面幻方外，还有立体幻方、高次幻方等。其中，平面幻方又分为平面正方形幻方、三角幻方、六角幻方等。请尝试填入数字 1 至 16，玩一玩下图中的幻方，体会其奥妙吧！

四月

24

星期四

农历乙巳年
三月廿七

2025

重要 紧急

今日学习计划

僧分馒头

一百馒头一百僧，大僧三个更无争。小僧三人分一个，大小和尚得几丁。

出自《算法统宗》，其意为：100 位僧人分 100 个馒头，其中大和尚每人 3 个馒头，小和尚 3 人分 1 个馒头。求大、小和尚各有多少人。

25

四月

农历乙巳年
三月廿八

2025

重要 紧急

今日学习计划

宇宙之大，粒子之微，火箭之速，化工之巧，地球之变，生物之谜，日用之繁，无处不用数学。

华罗庚

中国科学院院士、数学家
被誉为"中国现代数学之父"

 昨日答案

大和尚 25 人，小和尚 75 人。

26

四月

星期六

2025

农历乙巳年
三月廿九

重要 紧急

今日学习计划

谷超豪

　　1926 年—2012 年，中国当代数学家，2009 年度国家最高科学技术奖获得者。他主要从事偏微分方程、微分几何、数学物理等方面的研究，首次提出了高维、高阶混合型方程的系统理论，在超音速绕流的数学问题等研究中取得重要突破。

四月

27

星期日

农历乙巳年
三月三十

2025

重要 紧急

今日学习计划

谷超豪星

2009 年经国际小行星中心和国际小行星命名委员会批准，一颗国际编号为 171448 的小行星被命名为"谷超豪星"。这颗小行星是 2007 年 9 月 11 日由中国科学院紫金山天文台盱眙观测站发现的一颗小行星。

四月

28

农历乙巳年
四月初一

2025

重要 紧急

今日学习计划

谷超豪奖

　　谷超豪奖是复旦大学为纪念谷超豪教授对数学事业的杰出贡献，激励青年数学工作者投身数学事业，努力做出具有创造性的数学研究工作而设。"谷超豪奖"的原始奖金是谷超豪先生于 2009 年获得的国家最高科学技术奖的部分奖金，每年评选两人，奖金为每人人民币 20 万元。

29

四月

农历乙巳年
四月初二

2025

重要 紧急

今日学习计划

醉酒歌

肆中听得语吟吟，薄酒名醨厚酒醇。醇酒一瓶醉三客，薄酒三瓶醉一人。共同饮了一十九，三十三客醉醺醺。试问高明能算士，几多醨酒几多醇？

出自《算法统宗》，其意为：好酒 1 瓶可以醉倒 3 位客人，薄酒 3 瓶可以醉倒 1 位客人。如果 33 位客人醉倒，共饮 19 瓶酒。求好酒、薄酒分别是多少瓶。

30

四月

农历乙巳年
四月初三

2025

重要 紧急

今日学习计划

独具特色的西南大学版国标小学数学教材

教材的主要特色

- 遵循学生认知规律，立足学生实践创新，生动活泼，形式多样，图文并茂呈现课程内容。
- 创设课堂活动栏目，以游戏、操作、交流和探索等方式，引导学生活动，促进学生"四基"发展。
- 实践活动紧扣学习内容，综合数学知识，提供操作性强、选择多样、形成系列的城乡题材。
- 以连环画的形式呈现数学家的故事、数学应用、数学思想方法等，使学生受到丰富的数学文化的熏陶。
- 重视农村题材，关注西部、关注三峡。
- 按"例题—课堂活动—练习"结构编写，为教师和学生提供丰富的线索和素材，易教利学。

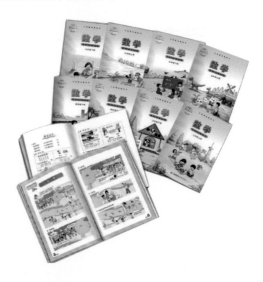

数学文化第一部曲——《小学数学文化丛书》

按领域分为 10 册

● 《小学数学文化丛书》由专题构成 10 个分册：《历史与数学》《数学家与数学》《艺术与数学》《游戏与数学》《生活与数学》《科学与数学》《自然与数学》《环境与数学》《经济与数学》《健康与数学》。该丛书以主题呈现数学与其他文化的联系，包括数学故事、数学内涵与拓展应用三大板块。数学故事兼顾知识性与趣味性，揭示数学内涵（数学知识、思想与方法），激发学生在现实生活中继续探索数学的兴趣，锻炼学生收集信息与交流的能力。

● 深入浅出的数学科普读物，将深奥的数学内容转化为生动有趣的故事，旨在为小学生自学提供蓝本，为家长辅导提供参考，为教师辅助教学提供支撑。

● 图文并茂，以彩色连环画的形式呈现，语言通俗易懂，富有童趣，符合小学生的心理认知特点。

● 丛书内容与小学数学教材联系密切，注重对数学内涵、数学方法、数学思想等的挖掘，是对教材中相关内容的拓展与延伸。

星期一	星期二	星期三	星期四	星期五	星期六	星期日
			01 劳动节	02 初五	03 初六	04 青年节
05 立夏	06 初九	07 初十	08 十一	09 十二	10 十三	11 母亲节
12 十五	13 十六	14 十七	15 十八	16 十九	17 二十	18 廿一
19 廿二	20 廿三	21 小满	22 廿五	23 廿六	24 廿七	25 廿八
26 廿九	27 五月	28 初二	29 初三	30 初四	31 端午节	

五月

MAY.

2025

数缺形时少直观，形少数时难入微。

华罗庚

中国科学院院士、数学家
被誉为"中国现代数学之父"

 昨日答案

好酒 10 瓶，薄酒 9 瓶。

五月

01

星期四

农历 乙巳年
四月初四

2025

重要 紧急

劳动节

今日学习计划

天元术

天元术是利用未知数列方程的一般方法，与现代列方程的方法基本一致。在古代数学中，列方程和解方程是密切联系的。宋代以前，数学家需要高超数学的技巧、复杂推导与大量说明，才能列出方程，这是一件相当困难的工作。

五
月

02

星期五

2025

农历乙巳年
四月初五

重要 紧急

今日学习计划

　　增乘开方法自宋代创立后，解方程与列方程的研究更为深入，助推天元术出现。金代数学家李冶的《测圆海镜》《益古演段》与元代数学家朱世杰的《算学启蒙》（下卷）、《四元玉鉴》，都系统介绍了如何利用天元术建立二次方程。

03

五月

农历乙巳年
四月初六

2025

重要 紧急

今日学习计划

李冶于 1248 年在《测圆海镜》中系统介绍了天元术列方程的方法：设未知数 x，依据问题条件列出两个相等的天元式；两个式子相减后得到一个高次方程式；以增乘开方法求该方程的正根。天元术和现今代数方程的列法相似。

相当于算式

$x^3 + 336x^2 + 4184x + 2488320 = 0$

天元式

五月

农历乙巳年
四月初七

2025

星期日

重要 紧急

青年节

今日学习计划

天元术为列方程提供了统一方法，其步骤优于阿拉伯的代数学。欧洲到 16 世纪才有此成就。增乘开方法还简化了求高次方程正根的运算过程。列方程和解方程在该时期有了简明的方法和程式，中国古典代数学发展到较完备的阶段。

五月

05

星期一

农历乙巳年
四月初八

2025

重要 紧急

立夏

今日学习计划

我国数学家们快速将天元法推广到多元高次方程组，如李德载《两仪群英集臻》中天、地二元，刘大鉴《乾坤括囊》中天、地、人三元等。朱世杰还创立了一种四元高次方程组解法，即近代多元高次方程组的分离系数表示法。

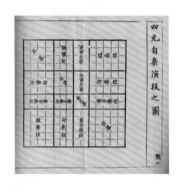

五月

06

星期二

农历乙巳年
四月初九

2025

重要 紧急

今日学习计划

金与银

足色黄金整一斤，
银匠误侵四两银，斤两
虽然不曾耗，借问却该
几色金？

出自《算法统宗》，其意为：在 16 两黄金中加
入 4 两银，问这时黄金的成色（相当于金的含量）。

注：古时候，1 斤 =16 两。

07

五月

星期三

2025

农历乙巳年
四月初十

重要 紧急

今日学习计划

数学好玩。

陈省身

20 世纪最伟大的几何学家之一
被誉为"微分几何之父"
第一位获得"沃尔夫数学奖"的华人

昨日答案

八色。

08

五月

农历乙巳年
四月十一

2025

重要 紧急

今日学习计划

陈省身

　　1911 年—2004 年，美籍华人数学家，20 世纪最伟大的几何学家之一，被誉为"微分几何之父"，先后获得美国国家科学奖章、以色列沃尔夫奖、中国国际科技合作奖及首届邵逸夫数学科学奖等多项荣誉。

五月

09

星期五

2025

农历乙巳年
四月十二

重要 紧急

今日学习计划

陈省身星

2004 年 11 月 2 日国际小行星中心将中国国家天文台施密特 CCD 小行星项目组所发现的永久编号为 1998CS2 号的小行星命名为"陈省身星"。

五月

10

星期六

农历乙巳年
四月十三

2025

重要 紧急

今日学习计划

陈省身奖

　　为了纪念已故华人数学家陈省身，2009 年 6 月
2 日，国际数学联盟宣布设立陈省身奖，奖励在国际
数学领域做出杰出成就的科学家，无年龄限制，每次
获奖者 1 人，得奖者除获奖章外，还将获得 50 万美
元的奖金。这也是国际数学联盟首次以华人数学家命
名的数学大奖。

11

五月

星期日

农历乙巳年
四月十四

2025

重要 紧急

母亲节

今日学习计划

陈省身猜想

1988 年，南开大学召开了"21 世纪中国数学展望学术研讨会"。会上陈省身提出的"我们的希望是在 21 世纪中国将成为数学大国"，被称为"陈省身猜想"。从此，"陈省身猜想"便在数学界广为流传。

五月

12

星期一

农历乙巳年
四月十五

2025

重要 紧急

今日学习计划

陈省身与「数学好玩」

　　2002 年，陈省身邀请 200 多位出席数学家大会的国内外数学家专程到天津参观天津科技馆。陈先生亲自担任天津科技馆数学冬令营的名誉营长，并为青少年题词"数学好玩"，极大地鼓舞了青少年学习和应用数学的兴趣。

五月

13

星期二

农历乙巳年
四月十六

2025

重要 紧急

今日学习计划

陈省身与『数学之美』挂历

2003 年岁末，陈省身亲自构思了一套题为"数学之美"的挂历。挂历中 12 幅彩色画页分别为：复数、正多面体、刘徽与祖冲之、圆周率的计算、高斯、圆锥曲线、双螺旋线、国际数学家大会、计算机的发展和中国剩余定理等。整个挂历几乎是一部简明数学概论和数学发展史。

五月

14

星期三

农历乙巳年
四月十七

2025

重要 紧急

今日学习计划

泰勒斯

Thales（约公元前 624—公元前 546），古希腊时期数学家。他在数学证明中引入了逻辑证明，保证了命题的准确性，揭示了各定理之间的联系。他还发现了很多几何定理，比如直角彼此相等，圆被它的任一直径所平分等。

五月

15

星期四

农历乙巳年
四月十八

2025

重要 紧急

今日学习计划

系羊问索

出自《算法统宗》，其意为：系在椿树上的羊的活动范围占地 3 亩 2 分，求系羊的绳子的长度。相当于已知圆的面积，求半径。

注："腔"为量词，一腔即一只、一头。

旷野之地有个椿，椿上系着一腔羊。团团踏破三亩二，试问羊绳几丈长。

五月

16

农历乙巳年
四月十九

2025

重要 紧急

今日学习计划

同一物理问题可以有不同的数学形式，它们在理论上等价，但在实践中未必等效。

冯 康

中国数学家、物理学家
中国科学院院士
中国计算数学的奠基人和开拓者

绳长八丈。

五月

17

星期六

农历乙巳年
四月二十

2025

重要 紧急

今日学习计划

数字『0』的故事

　　0 是极为重要的数字，是人类伟大的发现之一。0 在我国古代被叫作金元数字，意为极珍贵的数字。公元前 3000 年，巴比伦人就已经懂得使用 0 来避免混淆。公元前 2000 年，古埃及人在记账时用特别符号来记载 0。

五月

18

农历乙巳年
四月廿一

2025

重要 紧急

今日学习计划

"0"初现于公元前 2000 年左右的古印度文献《吠陀》，该符号在婆罗门教表示无（空）。印度大数学家葛拉夫·玛格蒲达在 7 世纪初首先说明了 0 的性质，任何数加 0 或减 0 得任何数本身。但他并未提到命位记数法的计算实例。

五月

19

星期一

农历乙巳年
四月廿二

2025

重要 紧急

今日学习计划

印度一位学者在 733 年游访阿拉伯时将印度记数法传入阿拉伯，取代原有的阿拉伯数字。该记数法后传入西欧，当时西方认为数应为正，且 0 会使很多算式、逻辑不成立（如除以 0），0 一度遭到禁用，多年后 0 才被西方所认同。

五月

20

星期一

2025

农历乙巳年
四月廿三

重要 紧急

今日学习计划

若你细心观察，会发现罗马数字中无 0。0 在 5 世纪时传入罗马，但罗马教皇凶残守旧，他禁止使用 0。有位罗马学者因其在笔记中记载 0 的有关说明而受到教皇处置。但 0 的出现势不可挡，0 现已成为含义最丰富的数字符号。

五月

21

星期三

农历乙巳年
四月廿四

2025

重要 紧急

小
满

今日学习计划

0 是自然数（最小）、整数与有理数。它非正数也非负数，而是 -1 到 1 间的正、负数交界点。0 的相反数、绝对值、平方及平方根是 0。0 不能作为分母或除数出现，它无倒数。0 乘任何数等于 0，0 除以任何非零实数等于 0。

五月

22

星期四

农历乙巳年
四月廿五

2025

重要 紧急

今日学习计划

苏武牧羊

《算法统宗》中有一题：汉朝官员苏武奉命出使匈奴，却被流放到北边牧羊，生活十分艰苦，不知道过了多少岁月。只记得天上的月亮圆了 235 次，问苏武流放放牧羊了多少年。

当年苏武去北边，
不知去了几多年。
分明记得天边月，
二百三十五番圆。

五月

23

星期五

农历乙巳年
四月廿六

2025

重要 紧急

今日学习计划

纯粹数学的研究也属于精神文明建设范畴，能反映一个民族的文化修养深度。

王元

中国数学家
中国科学院院士
在数论研究方面证明被称为"华－王方法"的
定理，受到国际学术界推崇

昨日答案

使用 235÷12，得到的商为 19，还余 7，但是中国农历十九年之间有 7 个闰月，因此苏武在北海流放了 19 年。

五月

24

星期六

农历乙巳年
四月廿七

2025

重要 紧急

今日学习计划

毕达哥拉斯

　　Pythagoras（约公元前 580—约公元前 490），古希腊数学家，创立了毕达哥拉斯学派。给出了勾股定理的证明，相传毕达哥拉斯宰了 100 头牛庆祝证明的成功。

25

五月

星期日

农历乙巳年
四月廿八

2025

重要 紧急

今日学习计划

毕达哥拉斯的 **数理念**

　　毕达哥拉斯学派认为：1 是智慧，2 是意见，3 是万物的形体和形式，4 是宇宙创造者的象征，5 是婚姻，6 是灵魂，7 是机会，8 是和谐，9 是理性和强大，10 是完满和美好。

五月

26

星期一

农历乙巳年
四月廿九

2025

重要 紧急

今日学习计划

毕达哥拉斯

学派与形数

　　毕达哥拉斯把满足关系"$1+2+3+\cdots+n=\dfrac{n}{2}(n+1)$"的数叫作三角形数，把满足关系"$1+3+5+\cdots+(2n-1)=n^2$"的数叫作正方形数。

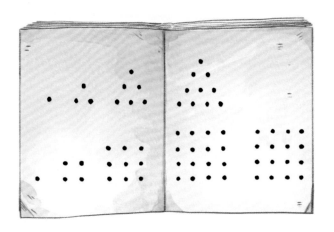

五月

27

星期二

农历乙巳年
五月初一

2025

重要 紧急

今日学习计划

万物皆数

毕达哥拉斯学派的

毕达哥拉斯学派宣称数是宇宙万物的本原，研究数学的目的并不在于使用而是为了探索自然的奥秘。同时，他们任意地把非物质的、抽象的数夸大为宇宙的本原，认为"万物皆数"，"数是万物的本质"，是"存在由之构成的原则"，而整个宇宙是数及其关系的和谐的体系。

28

五月

星期三

农历乙巳年
五月初二

2025

重要 紧急

今日学习计划

当老师

毕达哥拉斯

相传，毕达哥拉斯想教一个勤勉的穷人学习几何，就对他说："如果你学懂一个定理，给你三块银币。"穷人看在钱的份上就和他学几何了，而且产生了极大的兴趣，并要求教快一些，还说如果多教一个定理，他就给一个钱币。没多久，毕达哥拉斯就把以前给穷人的钱全部收回了。

五月

29

星期四

农历乙巳年
五月初三

2025

重要 紧急

今日学习计划

毕达哥拉斯学派的几何学贡献

在几何学方面，毕达哥拉斯学派除了发现和证明勾股定理，还证明了"三角形内角之和等于两个直角"的论断；研究了黄金分割；发现了正五角形和相似多边形的作法；还证明了正多面体只有 5 种——正四面体、正六面体、正八面体、正十二面体和正二十面体。

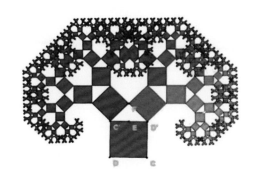

五月

30

星期五

2025

农历乙巳年
五月初四

重要 紧急

今日学习计划

粒米求程

庐山山高八十里，山峰顶上一粒米。黍米一转只三分，几转转到山脚底？

古代度量衡制度的标准参照物五花八门，比如汉朝就以一定数量的中等黍米作为度量的基本单位。《算法统宗》中有一题：庐山从山顶到山脚有一条80里的山路，山顶上有一粒黍米，滚动一周的行程为3分，沿着这条路滚到山脚底，共转了多少周？

提示：1里=360步，1步=5尺=500分。

31

五月

星期六

农历乙巳年
五月初五

2025

重要 紧急

端午节

今日学习计划

星期一	星期二	星期三	星期四	星期五	星期六	星期日
						01 儿童节
02 初七	**03** 初八	**04** 初九	**05** 芒种	**06** 十一	**07** 十二	**08** 十三
09 十四	**10** 十五	**11** 十六	**12** 十七	**13** 十八	**14** 十九	**15** 父亲节
16 廿一	**17** 廿二	**18** 廿三	**19** 廿四	**20** 廿五	**21** 夏至	**22** 廿七
23 廿八	**24** 廿九	**25** 六月	**26** 初二	**27** 初三	**28** 初四	**29** 初五
30 初六						

六月

JUN.

2025

学习数学，要使能够分析和理解这种思想和行动的习惯上所不可或缺的数量与空间的关系。

陈建功

中国数学家、数学教育家
中国科学院院士
中国函数论研究的开拓者之一

480 万转

六月

01

农历乙巳年
五月初六

2025

重要 紧急

儿童节

今日学习计划

测量金字塔的高

公元前 600 年，泰勒斯自希腊远赴埃及，人们问他能否解决测量金字塔的高的问题，他说能。金字塔底部是正方形，侧面是 4 个相同的等腰三角形。要测底部边长并不难，但仅知道这点仍无法测出金字塔的高。你知道他将如何进行测量吗？

六月

02

星期一

农历乙巳年
五月初七

2025

重要 紧急

今日学习计划

　　泰勒斯测量金字塔时，首先在金字塔底部正方形一边的中点做上标记。然后，他请人测量他站立时影子的长度，当影子的长度与身高相等时，立即测量此时金字塔影子顶点到标记点的距离。经计算他便得出了金字塔的高度。

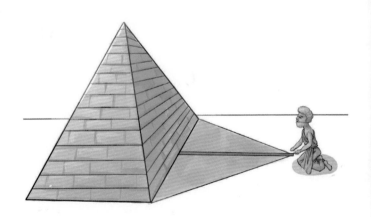

六月

03

农历乙巳年
五月初八

2025

重要 紧急

今日学习计划

当他算出金字塔高度时，人们向他请教。泰勒斯解释说："当我站立时，我和影子构成一个直角三角形。当影子和身高相等时，便是一个等腰直角三角形。而这时金字塔的高与其影子的长度也构成了一个等腰直角三角形。"

六月

星期三

农历乙巳年
五月初九

2025

重要 紧急

今日学习计划

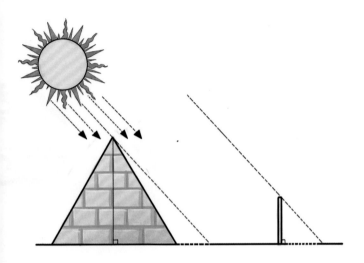

　　泰勒斯运用了相似三角形的性质，把金字塔影子的顶点与标记点连线，恰好与该点所在的边垂直，这时很容易计算出金字塔影子的顶点与标记点的距离。进而，金字塔高度等于底面正方形边长的一半加上金字塔影子的长度。

六月

05

农历乙巳年
五月初十

2025

重要 紧急

芒
种

今日学习计划

利用相似三角形的性质，我们可以轻松测出不易直接测量出的物体，如测量一棵树的高度，一条河流的宽度等。泰勒斯是在影长和身高相等时测量出金字塔的高，那当人影长度和身高不等时，是否还能测量出下图树的高度？

六月

06

星期五

2025

农历乙巳年
五月十一

重要 紧急

今日学习计划

排鱼求数

《算法统宗》里有一题：已知三寸长的鱼儿，每条头尾相接排在一条 9 里长的水沟中，一共有多少条鱼？

提示：1 里 =360 步，1 步 =5 尺 =50 寸。

三寸鱼儿九里沟，口尾相衔直到头。试问鱼儿多少数，请君对面说因由。

六月

星期六

2025

农历乙巳年
五月十二

重要 紧急

今日学习计划

迟疾之率，非出神怪，有形可检，有数可推。

祖冲之

南北朝时期杰出的数学家、天文学家
世界上首次将圆周率算到了小数点后七位

昨日答案

54000 条

六月

08

农历乙巳年
五月十三

2025

重要 紧急

今日学习计划

希帕索斯

Hippasus，生卒年不详，希腊数学家。他发现：若正方形的边长为1，则对角线的长不是一个有理数。这一发现使毕达哥拉斯学派领导人惶恐，认为这将动摇他们在学术界的统治地位，引起第一次数学危机。希伯索斯被迫流亡他乡，最后被残忍地扔进了大海。

六月

09

星期一

农历乙巳年
五月十四

2025

重要 紧急

今日学习计划

柏拉图

Plato（公元前 427—公元前 347），古希腊数学家。柏拉图非常重视数学学习，并在他创建的学园门口挂了一个小木牌，上面写着"不懂几何者，不得入内！"柏拉图在毕达哥拉斯对"点"的定义的基础上，将"点"定义为"点是直线的开端"或"点是不可分割的"。

10

六月

星期一

农历乙巳年
五月十五

2025

重要 紧急

今日学习计划

欧多克索斯

Eudoxus（约公元前400—约公元前347），古希腊数学家。他首先引入"量"的概念，将"量"和"数"区别开来。他的"量"指的是"连续量"，如长度、面积、重量等，而"数"是"离散的"，仅限于有理数。

六月

11

星期三

农历乙巳年
五月十六

2025

重要 紧急

今日学习计划

欧几里得

　　Euclid（约公元前 330—公元前 275），古希腊数学家，所著的《几何原本》共 13 卷，是世界上最早公理化的数学著作，影响着历代科学文化的发展和科技人才的培养，被称为"几何之父"。

六月

12

星期四

农历乙巳年
五月十七

2025

重要 紧急

今日学习计划

几何学没有王者之道

相传，欧几里得应托勒密王的邀请在亚历山大授徒。托勒密王曾请教欧几里得，是否有比钻研《几何原本》更简捷的学习几何的路径？欧几里得断然回答说："几何学没有王者之道。"

六月

13

农历乙巳年
五月十八

2025

重要 紧急

今日学习计划

欧几里得与懂几何者

　　相传，欧几里得和一群年轻人来到柏拉图学园，见门口写着："不懂几何者，不得入内！"欧几里得想，正是因为我不懂数学，才要来这儿求教的呀，如果懂了，还来这儿做什么？他果断地推开了学园大门，径直走了进去，最终成为柏拉图最优秀的学生。

六月

14

星期六

农历乙巳年
五月十九

2025

重要 紧急

今日学习计划

竿索求长

一枝竹竿一条索，索比竿子长一托。对折索子来量竿，却比竿子短一托。

《算法统宗》中有一题为：有一根竹竿和一根绳子，绳子比竹竿长一托，但是将绳子对折后，却比竹竿短一托。那么竹竿和绳子分别有多长呢？

提示：1 托 =5 丈。

六月

15

星期日

2025

农历乙巳年
五月二十

重要 紧急

父亲节

今日学习计划

深厚的文学、历史基础是辅助我登上数学殿堂的翅膀，文学、历史知识帮助我开拓思路，加深对数学的理解。

苏步青

中国数学家、教育家
中国科学院院士
被国际上誉为"东方国度上灿烂的数学明星"

昨日答案

竹竿长一丈五尺，绳子长两丈。

六
月

16

星
期
一

农历乙巳年
五月廿一

2025

重要 紧急

今日学习计划

《孙子算经》

《孙子算经》是《算经十书》之一，成书于一千五百年前，作者生平和编写年份不详。它在中国古算书中占有重要地位，其中的"盈不足术""荡杯问题"等有着有趣而不乏技巧的算术程式。传本的《孙子算经》共含三卷。

17

六月

农历乙巳年
五月廿二

2025

重要 紧急

今日学习计划

上卷详细讨论度量衡单位和筹算制度和方法。它首次记述筹算的布算规则："凡算之法，先识其位，一纵十横，百立千僵，千十相望，百万相当。"还说明以空位表示零。中卷关于分数的应用题，大都在《九章算术》论述范围内。

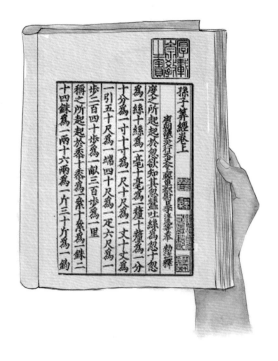

六月

18

星期三

2025

农历乙巳年
五月廿三

重要 紧急

今日学习计划

下卷影响最深远。如第 31 题是鸡兔同笼题的始祖，后传到日本变成鹤龟算。书中叙述为："今有雉兔同笼，上有三十五头，下有九十四足，问雉兔各几何？"即笼中有若干鸡和兔，共 35 个头、94 只脚。笼中鸡、兔各几只？

六月

19

农历乙巳年
五月廿四

2025

重要 紧急

今日学习计划

第 28 题"物不知数"为"大衍求一术"的起源，被称为中国余数定理，是中国数学史上最有创造性的成就之一。述为："今有物，不知其数。三三数之，剩二；五五数之，剩三；七七数之，剩二。问：物几何？答：二十三。"

六月

20

星期五

农历乙巳年
五月廿五

2025

重要 紧急

今日学习计划

第 17 题是荡杯问题。题目：有人河上荡杯。津吏问：杯何以多？人曰：有客。津吏曰：客几何？人曰：二人共饭，三人共羹，四人共肉，用杯六十五。不知客几？术：置六十五杯，以十二乘之，得七百八十，以十三除之，即得。可证。

六月

21

农历乙巳年
五月廿六

2025

重要 紧急

夏至

今日学习计划

书生分卷

《算法统宗》中有一题：《毛诗》《春秋》《周易》三种儒家经典著作共 94 册，一群学生读这些书籍，平均三人合读一册《毛诗》，四人合读一册《春秋》，五人合读一册《周易》。三种书分别有多少册？学生又有多少人？

毛诗春秋周易书，
九十四册共无余。毛诗一册
三人读，春秋一本四人呼。
周易五人读一本，要分每样
几多书。就见学生多少数，
请君布算莫踌躇。

六月

22

星期日

2025

农历乙巳年
五月廿七

重要 紧急

今日学习计划

知识和能力是一点一点积累起来的，在学习数学时，不要以为在准备知识和工具还不够时，就能把著名的难题攻克下来。

陈景润

中国数学家
中国科学院院士
华罗庚数学奖得主

昨日答案

《毛诗》40 册、《春秋》30 册、《周易》24 册，学生 120 人。

23

六月

星期一

农历乙巳年
五月廿八

2025

重要 紧急

今日学习计划

阿波罗尼

Apollonius（约公元前 262—约公元前 190），古希腊几何学家，著有《圆锥曲线论》八卷、《论切触》等。《圆锥曲线论》是一部经典巨著，它可以说是代表了希腊几何的最高水平，自此以后，希腊几何便没有实质性的进步。直到 17 世纪，B. 帕斯卡和 R. 笛卡儿才有了新的突破 。

六月

24

星期二

农历乙巳年
五月廿九

2025

重要 紧急

今日学习计划

希帕提娅

Hypatia（370—415），古埃及数学家、天文学家、哲学家，也是世界上第一位女数学家。她曾帮助父亲修订了托勒密的《天文学大全》和欧几里得的《几何学原本》。

25

六月

星期二

农历乙巳年
六月初一

2025

重要 紧急

今日学习计划

丢番图

Diophantus（约 246—约 330），古希腊亚历山大后期数学家，著有《算术》一书，共十三卷。这些书收集了许多有趣的问题，每道题都有巧妙的解法。其解法开动脑筋，启迪智慧，以致后人把这类题目叫作丢番图问题。丢番图是代数学的创始人之一，被誉为"代数学之父"。

六月

26

星期四

农历乙巳年
六月初二

2025

重要 紧急

今日学习计划

花剌子模

阿尔·花剌子模（Al-Khwarizmi，约 780—约 850），波斯著名数学家。代数与算术的整理者，被誉为"代数之父"。他的著作《花剌子模算术》介绍了印度的十进位值制记数法和以此为基础的算术知识，现代数学中"算法"（algorithm）一词即来源于这部著作。

六月

27

星期五

农历乙巳年
六月初三

2025

重要 紧急

今日学习计划

阿基米德

Archimedes（公元前 287—公元前 212），古希腊最伟大的数学家和物理学家，被人们称为"数学之神"，他也是举世公认的最伟大的数学家之一，他与牛顿、高斯并列为历史上三个最伟大的数学家。

六月

28

星期六

农历乙巳年
六月初四

2025

重要 紧急

今日学习计划

阿基米德的
执着精神

公元前 212 年，阿基米德在叙拉古城失陷之时，还在潜心研究画在沙盘上的一个几何图形。当罗马士兵闯入他的房间，举剑向他刺去的一刹那，他还在喊："不要动我的图！"但罗马的士兵并不认识这位不起眼的数学家，还是一剑刺了下去，伟大的数学家便倒在了血泊里。

六月

29

星期日

农历乙巳年
六月初五

2025

重要 紧急

今日学习计划

阿基米德的墓碑

阿基米德自己最得意的发现是圆柱和球的体积定理：如果在圆柱内有一个直径与圆柱体等高的内切球，则圆柱的表面积和体积分别等于球的表面积和体积的 $\frac{3}{2}$ 。他希望自己死后，墓碑上能刻上"球内切于圆柱"的图形。为了表示对他的钦佩和尊敬，罗马将军实现了他的愿望。

六月

30

星期一

农历乙巳年
六月初六

2025

重要 紧急

今日学习计划

数学文化第二部曲——《数学文化》

按领域分为 10 册

● 《数学文化》丛书由中国国家课标教材主编领衔编写，集顶级教育专家联合打造。《数学文化》有精彩的数学故事、生动的漫画、好玩的游戏、丰富的知识。小朋友们可以跟随书中的主人公，去探索数学的奥秘，领略数学的乐趣，体会数学的无限快乐。

紧扣教材 分册编写

● 《数学文化》丛书与中国多套国标小学数学教材基本同步，同步率达 70%~90%，既可以作为中国小学数学教材的补充，还可以作为课外活动及家庭教育的活动素材。该套丛书适用于 6 ~ 12 岁学生使用（1~6 年级），每个年级分上、下两册（共 12 册），每册 14~16 个故事，可每周学习一个故事。

挖掘内涵 培养素养

● 《数学文化》丛书挖掘了数学知识、数学思想、数学方法、数学精神、思维活动等，培养学生的数学核心素养；设计了拓展与应用，让学生主动思考与实践，动手动脑。

图文并茂 生动有趣

● 《数学文化》丛书采用漫画形式呈现与各年级学习进度相适应的数学文化故事，图文并茂，生动有趣，深入浅出。每册内容包括物理、化学、生物、地理、健康、艺术、天文、历史等学科蕴含的数学文化知识，可作为开启智慧大门的金钥匙，促进孩子成为知识丰富、能力突出的数学能手。

数学文化第三部曲——《幼儿园数学文化绘本》

大、中、小班，24 册

● 《幼儿园数学文化绘本》是以《幼儿园教育指导纲要（试行）》和《3~6 岁儿童学习与发展指南》为依据，以"数学与健康、数学与语言、数学与社会、数学与科学以及数学与艺术"为跨学科主题学习领域，以游戏、活动和故事形式呈现主题内容的幼儿园数学文化绘本丛书。适用于 3~6 岁儿童。生动的绘本故事赋予数学知识鲜活的生命力，充满趣味的呈现方式让幼儿在轻松的阅读中就能体验数学知识，发展一定的数学思维，提升对数学的喜爱与兴趣。该套丛书期待与小朋友们一起开启一段奇妙的数学文化探索之旅！

数学文化第四部曲——《藏在数学书里的秘密》

按年级分为 1 上、下 ~ 6 上、下，12 册

● 《藏在数学书里的秘密》以人教版小学数学课标教材为依据，遵循教材的知识呈现顺序，对所涉及的数学本质、数学思维方式、数学思想方法、数学人文背景等做发掘、做诠释、做补充；围绕数感、量感、符号意识、空间观念、几何直观、数据分析观念、运算能力、推理能力、模型思想、应用意识和创新意识等呈现对学生数学核心素养的浸润式、螺旋式培养过程。

星期一	星期二	星期三	星期四	星期五	星期六	星期日
	01 建党节	**02** 初八	**03** 初九	**04** 初十	**05** 十一	**06** 十二
07 小暑	**08** 十四	**09** 十五	**10** 十六	**11** 十七	**12** 十八	**13** 十九
14 二十	**15** 廿一	**16** 廿二	**17** 廿三	**18** 廿四	**19** 廿五	**20** 廿六
21 廿七	**22** 大暑	**23** 廿九	**24** 三十	**25** 闰六月	**26** 初二	**27** 初三
28 初四	**29** 初五	**30** 初六	**31** 初七			

JUL.

2025

群羊逐草

《算法统宗》中有一题：牧童甲在草原上放羊，乙牵着一只羊来，问甲："你的羊群有 100 只羊吗？"甲说："基本上是如此，如果这群羊再加上同样的一群，再加上半群、四分之一群，再加上你的一只，就是一百只羊。"牧童甲赶着多少只羊？

甲赶羊群逐草茂，乙携肥羊一只随其后。戏问甲及一百否？甲云所说无差缪。若得这般一群凑，再添半群小半群，得你一只来方凑，玄机奥妙谁参透？

七月

01

2025

农历乙巳年
六月初七

重要 紧急

建党节

今日学习计划

数学科学是从质和量对立统一、质和量互变的着眼点去研究整个客观实际的。

胡世华

数理逻辑学家、计算机科学家
中国科学院院士
将逻辑研究与计算机设计相结合的倡导者

 昨日答案

牧童甲赶的羊有 36 只。

七月

02

农历乙巳年
六月初八

2025

重要 紧急

今日学习计划

奇妙的数字黑洞

黑洞

黑洞是一个天文学名词。人们只能通过引力作用来确定它的存在。黑洞仍然是一种理论上的假说，它常被作为晚期恒星的一种模型，或者作为类星体核心、星系核心的模型。质量在恒星质量范围内的黑洞，也称为坍缩星。

03

七月

农历乙巳年
六月初九

2025

重要 紧急

今日学习计划

数字黑洞

数字黑洞指按照一定的运算程序，某类数字参与运算的结果趋向一定是某个数字。

数字黑洞一般有以下几类：西西弗斯串、自恋性数字、平方和常数、卡普雷卡尔常数等。

七月

星期五

农历乙巳年
六月初十

2025

重要 紧急

今日学习计划

有趣的 3x+1 难题

3x±1

20 世纪 50 年代左右流行一道题目："任取一个正整数，如果是奇数，就将此数'乘 3 加 1'；如果是偶数，就除以 2，继续进行这一程序，其最终结果都得 1。"这被称为"3x+1"难题。不信的话，你可以试试。

七月

05

星期六

农历乙巳年
六月十一

2025

重要 紧急

今日学习计划

平方和常数

任何一个正整数，求它的各位数字的平方和。反复进行这一程序，最终一定可以得到 89 或 1。

例如 $2000 \rightarrow 4 \rightarrow 16 \rightarrow 37 \rightarrow 58 \rightarrow 89$。

$89 \rightarrow 145 \rightarrow 42 \rightarrow 20 \rightarrow 4 \rightarrow 16 \rightarrow 37 \rightarrow 58 \rightarrow 89$。

结果也可能是 1，例如 $82 \rightarrow 68 \rightarrow 100 \rightarrow 1$。

$31 \rightarrow 10 \rightarrow 1$。

七月

星期日

农历乙巳年
六月十二

2025

重要 紧急

今日学习计划

「黑洞」153

对任何一个能被 3 整除的正整数，将其各位数字都立方，再相加，得到一个新数，继续进行这一程序，最后结果一定是 153。

这一现象是由数学家奥贝思（T.H.O'Beirne）最早公布并给出证明的。

例如 234 → 99 → 1458 → 702 → 351 → 153。

奇妙的 153=13+53+33。

七月

星期一

农历乙巳年
六月十三

2025

重要 紧急

小暑

今日学习计划

鸡兔同笼

"鸡兔同笼"问题出自《孙子算经》，是中国经典数学趣题之一。后来传至日本，演变为"鹤龟算"。题意是，笼子里有若干只鸡和兔，从上面数有35个头，从下面数有94只脚。问鸡、兔各几只。

今有雉兔同笼，上有三十五头，下有九十四足，问雉、兔各几何。

七月

08

星期二

农历乙巳年
六月十四

2025

重要 紧急

今日学习计划

数学尽管在形式上具有高度的抽象性，而实质上总是扎根于现实世界，生活实践与技术需要始终是数学的真正源泉。

吴文俊

中国数学家、中国科学院院士
获得"人民科学家"国家荣誉称号

昨日答案

23 只鸡，12 只兔。

七月

09

星期三

农历乙巳年
六月十五

2025

重要 紧急

今日学习计划

塔塔利亚

原名尼科洛·方塔纳（Nicolo Fontana，1499—1557），意大利数学家。幼年时法国士兵砍伤了他的颌部和舌头，致使他一生丧失准确说话的能力，人们叫他"塔塔利亚"，意思是"发音不清楚的、结巴的"。他的主要成就是发现了一元三次方程的一般求解方法。

10

七月

星期四

农历乙巳年
六月十六

2025

重要 紧急

今日学习计划

韦达

弗朗索瓦·韦达（François Viète，1540—1603），法国数学家，第一个有意识地和系统地使用字母来表示已知数、未知数及其乘幂的人，在欧洲被尊称为"代数学之父"。他通过有 393415 条边的多边形计算出圆周率，精确到小数点后 9 位，在相当长的时间里处于世界领先地位。

七月

11

农历乙巳年
六月十七

2025

重要 紧急

今日学习计划

魏德曼

J.Widman（1460—1499），德国数学家，在其著作《商业中的巧妙速算法》（1489 年）中首次使用符号"＋"和"－"表示加法和减法；他发现用横线加一竖可表示增加之意；而从"＋"号拿去一竖，就可表示减少的意思。故他是用"＋"表示盈，用"－"表示亏。

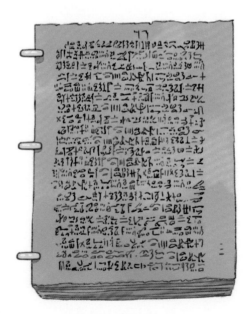

七月

12

星期六

农历乙巳年
六月十八

2025

重要 紧急

今日学习计划

奥特雷德

William Oughtred（1575 — 1660），英国数学家。他出版的《数学之钥》中首创乘号"×"和比号"："。据说是由加法符号"+"变化而来，因为乘法运算是从相同数的连加运算发展而来的。后来，莱布尼兹认为"×"容易与"X"相混淆，建议用"·"表示乘号。

Rev. William Oughtred.
From a Drawing by Hollar in the Collection of
The Rev. C.M. Cracherode.

七月

13

星期日

2025

农历乙巳年
六月十九

重要 紧急

今日学习计划

雷恩

    J.H.Rahn，生卒年不详，瑞士数学家。雷恩出版的《代数》（Algebra）首次用"÷"作为除号，莱布尼茨曾赞誉该书为"优雅代数"。他在解决把一个整数分成几份的问题时，因没有符号可以表示这种分法，故就采用了"÷"号。

七月

14

星期一

农历乙巳年
六月二十

2025

重要 紧急

今日学习计划

雷科德

Robert Recorde（约 1510—约 1558），英国第一个数学教育家。他的《砺智石》中首次使用等号"＝"，采用了一对等长的平行线段来表示相等，因为他认为没有任何其他两样东西比一对等长的平行线段更显得相等了。

七月

15

农历乙巳年
六月廿一

2025

重要 紧急

今日学习计划

物不知数

今有物，不知其数。三、三数之，剩二；五、五数之，剩三；七、七数之，剩二。问物几何？

出自《孙子算经》，是最早的"剩余定理"。其意是：有一堆物体，不知其数量，如果3个3个地数，剩下2个；如果5个5个地数，剩下3个；如果7个7个地数，剩下2个。共有多少个物体？

16

七月

农历乙巳年
六月廿二

2025

重要 紧急

今日学习计划

数学名言

　　我的一些数学结果，是在晨起时，或者午睡醒来时偶然得出的。或者说，是突然得到的，似有灵感。这种情形，进行科学研究工作常能遇到。只要努力总会有收获。所谓灵感，是"踏遍"的结果。

柯　召

中国数学家、中国科学院资深院士
四川大学原校长
被称为中国近代数论的创始人

昨日答案

$23 + 105n$, $n = 0, 1, 2, 3\cdots\cdots$

17

七月

农历乙巳年
六月廿三

2025

星期四

重要 紧急

今日学习计划

名胜古迹

对联中的数字美

黄鹤楼

数字巧含对联里，意境传神图画中。

一楼萃三楚精神，云鹤俱空横笛在；

二水汇百川支派，古今无尽大江流。

七月

18

星期五

农历乙巳年
六月廿四

2025

重要 紧急

今日学习计划

三苏祠

数字巧含对联里，意境传神图画中。

一门父子三词客；

千古文章四大家。

（四川眉山三苏祠对联欣赏。）

七月

19

星期六

农历乙巳年
六月廿五

2025

重要 紧急

今日学习计划

庚亮楼

数字巧含对联里，意境传神图画中。

半壁江山，六朝雄镇；

一楼风月，几辈传人。

（九江庚亮楼对联欣赏。）

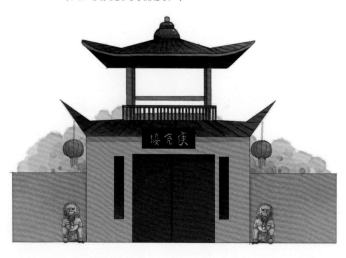

七月

20

星期日

农历乙巳年
六月廿六

2025

重要 紧急

今日学习计划

文殊院

数字巧含对联里，意境传神图画中。

万山拜其下，

孤云卧此中。

（黄山文殊院对联欣赏。）

七月

21

星期一

农历乙巳年
六月廿七

2025

重要 紧急

今日学习计划

闲吟亭

数字巧含对联里，意境传神图画中。

千朵红莲三尺水；

一弯明月半亭风。

（苏州闲吟亭对联欣赏。）

七月

22

星期二

农历乙巳年
六月廿八

2025

重要 紧急

大暑

今日学习计划

河妇荡杯

出自《孙子算经》。一位农妇在河边洗碗，官吏问："为什么要用这么多碗？"她答道："家里有客人。"官吏问："有多少客人？"她答道："每两位客人合用一只饭碗，每三位合用一只汤碗，每四位合用一只肉碗，一共洗了 65 只碗。一共有多少位客人？"

今有妇人河上荡杯，津吏问曰："杯何以多？"妇曰："家有客。"津吏曰："客几何？"妇人曰："二人共饭，三人共羹，四人共肉，凡用杯六十五，不知客几何？"

23

七月

星期三

农历乙巳年
六月廿九

2025

重要 紧急

今日学习计划

积极前进，循环上升；淡化形式，注重实质；开门见山，适当集中；先做后说，师生共做。

陈重穆

中国数学家、教育家
原西南师范大学校长、教授
曾任中国数学会理事、四川省数学会副理事长

七月

24

农历乙巳年
六月三十

2025

重要 紧急

今日学习计划

哈里奥特

托马斯·哈里奥特（Thomas Harriot，1560—1621），英国天文学家、数学家、翻译家，是英国代数学学派的奠基人。哈里奥特按照韦达的方法，用元音代表未知数，辅音代表常数；但是，他用小写字母比用大写字母多。他还是第一个用">"（大于）和"<"（小于）符号的人。

七月

25

农历乙巳年
闰六月初一

2025

重要 紧急

今日学习计划

利玛窦

Matteo Ricci（1552—1610），意大利人。他和中国数学家徐光启等人翻译了欧几里得的《几何原本》等书，现在使用的数学词汇，例如点、线、面、平面、曲线、曲面、直角、钝角、锐角、垂线、平行线等以及汉字"欧"等都是由他们创造并沿用至今的。

七月

26

星期六

农历乙巳年
闰六月初二

2025

重要 紧急

今日学习计划

梅森

马林·梅森（Marin Mersenne，1588—1648），法国数学家。1640 年 6 月，法国数学家费马在给梅森的一封信中讨论了形如 2^p-1 的数（其中 p 为素数）。梅森在《物理数学随感》一书中断言：对于 $p=2$，3，5，7，13，17，19，31，67，127，257 时，2^p-1 是素数，故 2^p-1 也被称为"梅森数"。

七月

27

星期日

农历乙巳年
闰六月初三

2025

重要 紧急

今日学习计划

笛卡儿

　　勒内·笛卡儿（Rene Descartes，1596—1650），法国哲学家、数学家、物理学家。在数学方面，他发明了现代数学的坐标系，创立了解析几何学，被公认为"解析几何之父"。现在使用的许多数学符号都是笛卡儿最先使用的，这包括了已知数 a，b，c 以及未知数 x，y，z 等。

七月

28

农历乙巳年
闰六月初四

2025

重要 紧急

今日学习计划

笛卡儿 发现坐标系

相传，笛卡儿在一次生病卧床休息时，反复思考一个问题：如何把"点"和"数"联系起来？他看到一只蜘蛛在天花板上爬行，躺在床上的笛卡儿想："如何确定蜘蛛的位置呢？能否用一组数来表示呢？"他突然发现用蜘蛛到墙壁的距离就可以确定位置，进而发现坐标系。

七月

29

星期二

农历乙巳年
闰六月初五

2025

重要 紧急

今日学习计划

心形线 笛卡儿的

相传，笛卡儿受瑞典国王邀请做公主的数学老师，没多久两人相爱了。国王下令将笛卡儿逐回法国。笛卡儿只能写信给公主，但所寄的信都被国王拦截。笛卡儿临死前寄出仅写有"$r = a(1-\sin\theta)$"的信。国王看不懂，就把信交给公主。公主立刻动手研究出这行字的秘密就是心形线，明白笛卡儿一直爱着她。

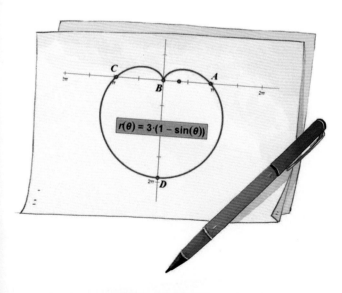

七月

30

农历乙巳年
闰六月初六

2025

重要 紧急

今日学习计划

贼人盗绢

今有人盗库绢，不知所失几何？但闻草中分绢：人得六匹，盈六匹；人得七匹，不足七匹。问：人、绢各几何？

《孙子算经》中有一题：有小偷进仓库里盗取布匹，不知道损失了多少匹布。但听说他们如果每人分 6 匹布，则还剩下 6 匹布；如果每人分 7 匹布，则还差 7 匹布。请问，有多少个小偷？仓库丢了多少匹布？

七月

31

星期四

农历乙巳年
闰六月初七

2025

重要 紧急

今日学习计划

星期一	星期二	星期三	星期四	星期五	星期六	星期日
				01 建军节	**02** 初九	**03** 初十
04 十一	**05** 十二	**06** 十三	**07** 立秋	**08** 十五	**09** 十六	**10** 十七
11 十八	**12** 十九	**13** 二十	**14** 廿一	**15** 廿二	**16** 廿三	**17** 廿四
18 廿五	**19** 廿六	**20** 廿七	**21** 廿八	**22** 廿九	**23** 处暑	**24** 初二
25 初三	**26** 初四	**27** 初五	**28** 初六	**29** 七夕节	**30** 初八	**31** 初九

AUG.

作为科学语言的数学具有一般语言文字与艺术所共有的美的特点，即数学在其结构上和方法上也都具有自身的某种美，即数学美。

徐利治

中国数学家、教育家
在中国推动了数学方法论的研究
对中国数学教育的改革和发展具有深远影响

 昨日答案

贼 13 个，绢 84 匹。

八月

01

农历乙巳年
闰六月初八

2025

重要 紧急

建军节

今日学习计划

自然界的
数学之美

蜘蛛网

　　人们即使用直尺和圆规，也很难画出像蜘蛛网那样匀称的图案。在这张像八卦图一样的网中，神奇地蕴藏着许多数学秘密，如半径、极点、弦，以及对数螺线等数学图形。

八月

02

农历乙巳年
闰六月初九

星期六

2025

重要 紧急

今日学习计划

蜂房

蜜蜂蜂房是精准的六角柱状体，它的一端是平整的六角形开口，另一端是封闭的六角菱锥形的底，由三个相同的菱形组成。组成底盘的菱形的钝角为 $109°28'$，所有锐角为 $70°32'$，既坚固又省料。

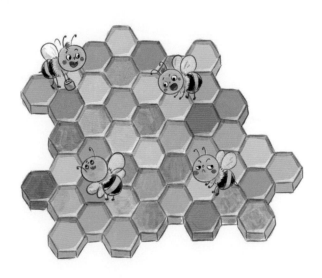

03

八月

农历乙巳年
闰六月初十

2025

重要 紧急

今日学习计划

多叶芦荟叶片

    多叶芦荟叶片以三角形且完美的螺旋状排列，呈现出一个圆盆的形状。前几片叶子直线上升，在第七片叶子周围，开始呈螺旋状，它有着完美的几何图形。

八月

04

星期一

农历乙巳年
闰六月十一

2025

重要 紧急

今日学习计划

菊石

大约 6500 万年前灭绝的菊石，是制作分成许多间隔的螺旋形外壳的海洋头足纲动物。菊石的外壳还生长成一个对数螺旋形。

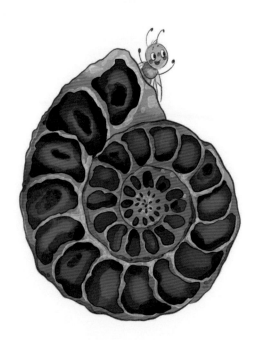

八月

05

农历乙巳年
闰六月十二

2025

重要 紧急

今日学习计划

雪花

雪花之所以看起来如此赏心悦目，除了晶莹润泽的色彩外，还因为它们有着完美的几何图形，有些具有分形，有些具有对称性。

八月

06

星期三

农历乙巳年
闰六月十三

2025

重要 紧急

今日学习计划

古算摘奇

七数剩一，八数剩二，九数剩三，问本总数几何。

"物不知数"为世界性的知名问题，《续古摘奇算法》有一道类似的题目：什么数除以 7 余 1，除以 8 余 2，除以 9 余 3？

07

八月

星期四

2025

农历乙巳年
闰六月十四

重要 紧急

立秋

今日学习计划

上帝永远在进行几何化。

柏拉图

Plato
古希腊伟大的哲学家、数学家、教育家
与苏格拉底、亚里士多德并称为"希腊三贤"

昨日答案

498

08

八月

星期五

2025

农历乙巳年
闰六月十五

重要 紧急

今日学习计划

费马

皮耶·德·费马（Pierre de Fermat，1601—1665），法国律师和业余数学家。费马在数学方面的主要成就有：在解析几何方面，他独立于笛卡儿发现了解析几何的基本原理；在概率论方面，他和帕斯卡研究了意大利帕乔里的《摘要》，建立了概率论的基础；在数论方面主要体现在费马大、小定理等。

八月

09

星期六

农历乙巳年
闰六月十六

2025

重要 紧急

今日学习计划

费马大定理

费马大定理，又被称为"费马最后的定理"，由法国数学家费马提出。他断言：当整数 $n > 2$ 时，关于 x，y，z 的方程 $x^n + y^n = z^n$ 没有正整数解。这个定理被提出后，经历多人猜想辩证，历经三百多年的历史，最终在 1995 年被英国数学家安德鲁·怀尔斯证明。

10

八月

农历乙巳年
闰六月十七

2025

重要 紧急

今日学习计划

费马数

　　费马数是以法国数学家费马命名的一组自然数。1640 年，费马发现 $F_0=3$，$F_1=5$，$F_2=17$，$F_3=257$，$F_4=65537$ 均为素数。据此，他提出猜想：$n \geqslant 0$ 时，$F_n=2^{2^n}+1$ 是素数。1732 年，L. 欧拉发现 $F_5=641 \times 6700417$，故费马猜想不真。到目前为止，只知道以上五个费马数是素数。

八月

11

农历乙巳年
闰六月十八

星期一

2025

重要 紧急

今日学习计划

费马点

费马点就是到三角形的三个顶点的距离之和最短的点。对于三个内角均不超过 120° 的三角形，费马点是对各边的张角都是 120° 的点。对于一个内角超过 120° 的三角形，费马点就是最大的内角的顶点。

F即为$\triangle ABC$的费马点，其中$\angle A$、$\angle B$、$\angle C$都小于120°。

八月

12

星期一

农历乙巳年
闰六月十九

2025

重要 紧急

今日学习计划

牛顿

艾萨克·牛顿（Isaac Newton，1643—1727），英国物理学家、数学家。恩格斯说："牛顿由于发现了万有引力定律而创立了科学的天文学，由于进行光的分解而创立了科学的光学，由于创立了二项式定理和无限理论而创立了科学的数学，由于认识了力的本性而创立了科学的力学。"

八月

13

星期三

农历乙巳年
闰六月二十

2025

重要 紧急

今日学习计划

少年牛顿

少年时的牛顿成绩一般，但他喜欢读书。后来迫于生活困难，母亲让他停学务农。但他一有机会便读书，以至于经常忘了干活。有一次，他的舅父起了疑心并跟踪，却发现他在钻研一个数学问题。他的好学感动了舅父，舅父劝服了母亲让他复学，他回到学校后发奋读书并成才。

八月

14

农历乙巳年
闰六月廿一

2025

重要 紧急

今日学习计划

攒九图

《续古摘奇算法》中有一题："请尝试在下图所示的圆中填入 1 到 32 之间的整数，使得每条直径上 9 个数之和相等且每条半径上 4 个数之和相等。"

提示：直径数值之和为 147，半径数值之和为 69。

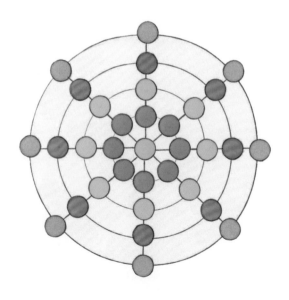

八月

15

星期五

2025

农历乙巳年
闰六月廿二

重要 紧急

今日学习计划

数学是科学的女皇，算术是数学的女皇。

高 斯

Johann Carl Friedrich Gauß
德国数学家、天文学家
被认为是世界上最重要的数学家之一
享有"数学王子"之称

昨日答案

如图所示。

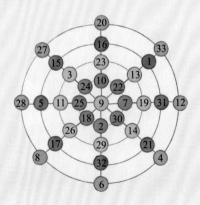

八月

16

星期六

农历乙巳年
闰六月廿三

2025

重要 紧急

今日学习计划

趣谈 圆周率 π

领先千年的世界纪录

据《隋书·律历志》记载，我国著名数学家祖冲之，最早用分数 $\frac{355}{113}$（称为密率）表示 π 值，创造了一项领先千年的世界纪录。用这个分数表达 π 值，精确度高达 6 位小数值，其循环节长达 112 位，堪称是圆周率的一个最佳分数。

八月

17

星期日

2025

农历乙巳年
闰六月廿四

重要 紧急

今日学习计划

用根式表达 π 精确到 8 位小数值

　　印度著名数学家拉马努金（1887—1920），发现圆周率的根式表达式 $\sqrt[4]{2143/22}$，居然可以将 π 的值精确到 8 位小数值，即上面这个根式的值约等于 3.141592653。1914 年，他发表的论文《模方程和对 π 的逼近》，呈现了估计 π 值的多种方法。

重要 紧急

今日学习计划

用计算机算出位数最多的 π 值

　　到了 19 世纪中期，人们才将圆周率 π 的准确数值，计算到小数点后的 400 位。电子计算机发明后，数学家冯·诺依曼等人，在 1949 年利用世界上第一台电子计算机 ENIAC，首次计算圆周率，就得到 2037 位数值。目前的纪录已超过 10 万亿位。

八月

19

星期二

农历乙巳年
闰六月廿六

2025

重要 紧急

今日学习计划

圆周率 π 中能连续出现 0~9 的数字段吗？

　　根据概率理论，圆周率 π 的数值中的数字如果均匀分布，那么，只要算得的位数足够多，各种特殊的数字段的出现是完全有可能的。因此，人们猜测在圆周率 π 中，也会连续出现 0123456789 数字段（后来被证明确实存在）。

20

八月

星期三

农历乙巳年
闰六月廿七

2025

重要 紧急

今日学习计划

一项特殊的世界纪录

据《吉尼斯世界之最大全》记载，1981 年，印度有人背出圆周率前 31811 位。1987 年，日本有人将圆周率背至 4 万位以上。后来还有未经申报验证的纪录，如中国西北农业科技大学的一位学生，将圆周率背诵到 67890 位，创下新的世界纪录。

八月

21

星期四

农历乙巳年
闰六月廿八

2025

重要 紧急

今日学习计划

洛书盖取龟象，
故其数戴九履一，左
三右七，二四为肩，
六八为足

洛书释数

　　我国北周时期将洛书方阵称为"九宫"，即将
9 个数字定位在方阵的 9 个位置。宋代朱熹所著《易
学启蒙》中有一题：古代传说中有神龟出于洛水，其
甲壳上有此图像。需要我们求一个三行三列的数字方
阵，这个方阵需由龟盖的数字阵变换得到，使得每一
行每一列以及两个对角线上数字之和相等。

八月

22

星期五

农历乙巳年
闰六月廿九

2025

重要 紧急

今日学习计划

数学中的美在于毫不费力地发现真理。

波利亚

George Polya
美籍匈牙利数学家
1963 年获得美国数学会功勋奖

2	9	4
7	5	3
6	1	8

八月

23

星期六

2025

农历乙巳年
七月初一

重要 紧急

处暑

今日学习计划

莱布尼茨

戈特弗里德·威廉·莱布尼茨（Gottfried Wilhelm Leibniz，1646—1716），德国哲学家和数学家，历史上鲜见的通才，被誉为"十七世纪的亚里士多德"。在数学上，他和牛顿先后独立发现了微积分，而且他所使用的微积分的数学符号被更广泛地使用，他发明的符号被普遍认为更综合，适用范围更加广泛。他还发明并完善了二进制。

八月

24

星期日

农历乙巳年
七月初二

2025

重要 紧急

今日学习计划

欧拉

　　莱昂哈德·欧拉（Leonhard Euler，1707—1783），瑞士数学家和物理学家，近代数学先驱之一。欧拉是高产数学家，平均每年写出八百多页的论文，还写了力学、分析学、几何学等教材，其中《无穷小分析引论》《微分学原理》《积分学原理》等都成为数学中的经典著作。

25

八月

星期一

农历乙巳年
七月初三

2025

重要 紧急

今日学习计划

欧拉公式

欧拉公式是指以欧拉命名的诸多公式。数学历史上有很多公式都是欧拉发现的，它们都叫作欧拉公式，分散在各个数学分支之中。如：简单多面体的顶点数 V、面数 F 及棱数 E 间有关系 V + F − E = 2，这个公式叫欧拉公式，公式描述了简单多面体的顶点数、面数、棱数特有的规律。

八月

26

星期二

农历乙巳年
七月初四

2025

重要 紧急

今日学习计划

以欧拉名字命名的数学概念

在数学的许多分支中经常可以看到以欧拉的名字命名的重要常数、公式和定理，如欧拉常数（无穷级数）、欧拉多角曲线（微分方程）、欧拉齐性函数定理（摘微分方程）、欧拉变换（无穷级数）、欧拉－傅里叶公式（三角函数）以及欧拉－马克劳林公式（数字法）等等。

八月

27

星期三

农历乙巳年
七月初五

2025

重要 紧急

今日学习计划

双目失明继续学习 欧拉

1735 年，欧拉有一只眼睛近乎失明，但他没有停止工作，还写出了许多杰出的论文。后来，他的另一只眼睛也失去了光明，但仍然不断地发表一流的数学论文，直到生命的最后一息。据统计他共写下了 886 本书籍和论文，彼得堡科学院为了整理他的著作，足足忙碌了四十七年。

八月

28

星期四

农历乙巳年
七月初六

2025

重要 紧急

今日学习计划

七桥问题

欧拉与哥尼斯堡

哥尼斯堡的一个公园里有七座桥，这七座桥将普雷格尔河中两个岛及岛与河岸连接了起来（如图）。问是否可以从这四块陆地中任一块出发，恰好通过每座桥一次，再回到起点？欧拉研究并解决了此问题，他把问题归结为"一笔画"问题，证明了上述走法是不可能的。

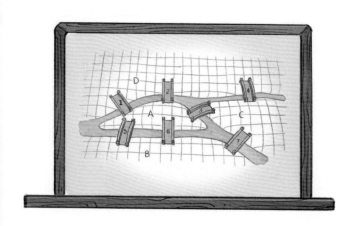

八月

29

星期五

农历乙巳年
七月初七

2025

重要 紧急	
七夕节	
今日学习计划	

韩信点兵

有兵一队，若列成五行纵队，则末行一人；成六行纵队，则末行五人；成七行纵队，则末行四人；成十一行纵队，则末行十人。求兵数。

　　韩信是汉朝名将，他是如何清点兵将数目的呢？《初等数论》中有一题：韩信集合行军队伍，如果其中一队兵，排成五列，则第六列为一人；排成六列，则第七列为 5 人；排成七列，则第八列为 4 人；排成十一列，则第十二列为 10 人。一共有多少士兵？

八
月

30

星期六

2025

农历乙巳年
七月初八

重要 紧急

今日学习计划

数学在于用最不显然的方式证明了最显然的事情。

庞加莱

Jules Henri Poincaré
法国数学家、天体力学家、数学物理学家
提出了著名的拓扑学猜想"庞加莱猜想"

昨日答案

2111

八月

31

农历乙巳年
七月初九

2025

重要 紧急

今日学习计划

数学文化第五部曲——《数学文化与教学设计》

第 1 ~ 6 册，与《数学文化》配套

● 《数学文化与教学设计》丛书是与《数学文化》丛书配套的教学指导用书，全套书包括 1~6 年级（共 6 册）。《数学文化与教学设计》注重发挥《数学文化》的科普性，以连环画方式呈现的生动活泼性，与教材结合的紧密性，"文化性"与"数学内涵"相结合等特点，在内容编排上精心设计了内容分析（含兴趣点）、教学目标、教学形式与教材搭配

建议、教学过程分析与建议、教学参考资料等内容。

● 《数学文化与教学设计》解读了《数学文化》中的每个故事，并提供了一些供参考的教学设计，深入挖掘故事所蕴含的数学知识、数学史料、数学方法，以及隐含在故事背后的数学思想和数学精神等，使之更好地借助《数学文化》的特色，充分发挥数学文化的育人功能。

数学文化第六部曲——《小学数学文化动漫数字产品》

与《数学文化》1～6年级配套

● 《小学数学文化动漫数字产品》包括1~6年级上、下册（共12册），是与《数学文化》丛书完全同步的配套产品，其充分利用现代多媒体数字技术，以动漫故事、游戏、人机交互性拓展练习等方式，动态呈现数学文化故事的内容，使数学文化"活"了起来。

动画故事

● 如《数学文化 5年级上册》第11个故事《温度的奥秘》，图书第44~47页。以动漫视频的形式展现了这个故事的内容，让学生动态地体验整个教学过程。

拓展与应用

● "拓展与应用"让学生动手操作，交互体验，在学习本故事的内容后，进一步拓展、实践、应用。

星期一	星期二	星期三	星期四	星期五	星期六	星期日
01 初十	02 十一	03 十二	04 十三	05 十四	06 中元节	07 白露
08 十七	09 十八	10 教师节	11 二十	12 廿一	13 廿二	14 廿三
15 廿四	16 廿五	17 廿六	18 廿七	19 廿八	20 廿九	21 三十
22 八月	23 秋分	24 初三	25 初四	26 初五	27 初六	28 初七
29 初八	30 初九					

九月

SEP.

四则运算符号

四则运算符号

数学符号的发明和使用比数字的认识要晚，现在常用的数学符号就有 200 多个。在所有数学运算中，最简单的莫过于四则运算加、减、乘、除，而代表这些运算的符号 +、−、×、÷ 的出现，却各有各的"经历"。

九月

星期一

农历乙巳年
七月初十

2025

重要 紧急

今日学习计划

加号"+"

15 世纪末，德国数学家威特曼在他所著的《简算与速算》中首先使用符号"+"，而后经法国数学家韦达大力提倡，"+"才开始普及。

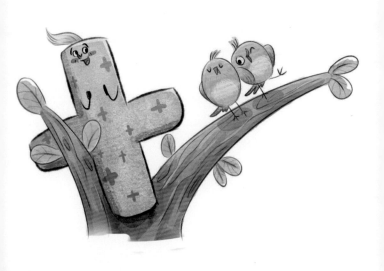

九月

02

农历乙巳年
七月十一

2025

重要 紧急

今日学习计划

数学故事

减号"－"

德国数学家威特曼首先使用符号"－"，表示两数相减。直到 1630 年，"－"开始普遍使用。传说，卖酒的商人在酒桶上用"－"表示酒卖了多少；新酒灌入时，加上一竖表示原线条勾销，就成了"＋"。这只是一种有趣的猜测。

数学很美·数学文化手记 2025　九月

九月

03

农历乙巳年
七月十二

2025

重要 紧急

今日学习计划

乘号"×"

1631年，英国数学家奥特雷德提出用"×"表示相乘。但德国数学家莱布尼茨认为"×"号与 x 很相似，主张改用符号"·"表示。同时，英国数学家赫锐奥特也主张用"·"表示相乘。这两个乘号一直沿用至今。

九月

04

农历乙巳年
七月十三

2025

重要 紧急

今日学习计划

除号"÷"

阿拉伯数学家阿勒·花剌子模曾用"3/4"或
"$\frac{3}{4}$"来表示"3 除以 4"。17 世纪初，英国人约
翰·比尔用"÷"表示除。后来，瑞士数学家正式把
"÷"作为除号使用。现在，仍有国家在课本中用
"："、"/"或"–"表示除。

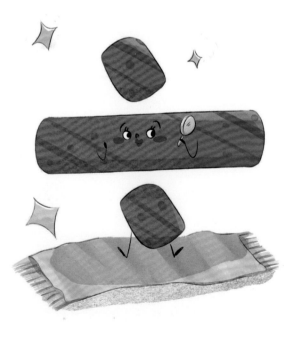

九月

05

星期五

农历乙巳年
七月十四

2025

重要 紧急

今日学习计划

完美矩形问题

　　你能使用 9 块大小不一的正方形瓷砖拼成一个长方形吗？9 块正方形瓷砖的边长的单位长度分别为 1，4，7，8，9，10，14，15，18。请你试着画出这样的矩形。

　　在 20 世纪 30 年代，英国剑桥大学数学系的四位好朋友讨论，能否将一个长方形划分为若干个大小两两不同的正方形。后来人们将这样可以分割为大小不一的正方形的矩形，称之为完美矩形（perfect rectangle）。

　　提示：长方形长的单位长度为 33，宽的单位长度为 32。

06

九月

星期六

2025

农历乙巳年
七月十五

重要 紧急

中元节

今日学习计划

数学发明的动力不是推理，而是想象。

德·摩根

Augustus de Morgan
英国数学家
所著《代数学》是我国第一本代数学译本
最早试图解决"四色猜想"的学者

昨日答案

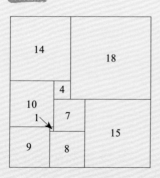

07

九月

星期日

农历乙巳年
七月十六

2025

重要 紧急

白
露

今日学习计划

高斯

约翰·卡尔·弗里德里希·高斯（Johann Carl Friedrich Gauß，1777—1855），德国数学家，近代数学奠基者之一。高斯一生成就极为丰硕，以他名字"高斯"命名的成果达 110 个，属数学家中之最，被认为是历史上最重要的数学家之一，并享有"数学王子"之称。

九月

08

农历乙巳年
七月十七

2025

重要 紧急

今日学习计划

聪明的高斯

高斯 9 岁的时候，老师布置了一道题，"1+2+3+…+100=　"。高斯很快算出答案：1+100=101，2+99=101，…，50+51=101，从 1 加到 100 有 50 组这样的数，所以 50×101=5050。他的老师布特纳对他刮目相看，特意从汉堡买了最好的算术书送给高斯，说："你已经超过了我，我没有什么东西可以教你了。"

九月

星期二

农历乙巳年
七月十八

2025

重要 紧急

今日学习计划

高斯的墓碑

高斯提出了判断一给定边数的正多边形是否可以几何作图的准则。例如，用圆规和直尺可以作圆内接正十七边形。临终时他特意留下遗言想把正十七边形刻在他的墓碑上。他的母校哥廷根大学实现了他的遗愿，为他做了以正十七棱柱为底座的塑像墓碑。

九月

10

2025

农历乙巳年
七月十九

重要 紧急

教师节

今日学习计划

傅里叶

让·巴普蒂斯·约瑟夫·傅立叶（Jean Baptiste Joseph Fourier，1768—1830），法国著名数学家、物理学家。1817 年当选为法国科学院院士，1822 年任该院终身秘书，后又任法兰西学院终身秘书和理工科大学校务委员会主席，主要贡献是在研究热的传播时创立了一套数学理论。

九月

11

农历乙巳年
七月二十

2025

重要 紧急

今日学习计划

孤儿傅里叶

　　傅里叶出生于法国中部奥塞尔的一个平民家庭，9岁时，双亲亡故，被当地的一个教主收养后送入镇上的军校就读。傅里叶读书过程中表现出对数学的特殊爱好，也还有志于参加炮兵或工程兵，但因家庭地位低贫而遭到拒绝。他于1789年回到家乡奥塞尔的母校执教。1817年，当选法国科学院院士。

12

九月

农历乙巳年
七月廿一

星期五

2025

重要 紧急

今日学习计划

罗巴切夫斯基

尼古拉斯·伊万诺维奇·罗巴切夫斯基（Nikolas lvanovich Loba-chevsky，1792—1856），俄罗斯数学家。他在证明平行公理时假定：过直线外一点，可以作无数条直线与已知直线平行。如果这假定被否定，则就证明了平行公理。但是，他没有能否定这个命题，而发现了非欧几何。

九月

13

星期六

农历乙巳年
七月廿二

2025

重要 紧急

今日学习计划

七巧板拼多边形

你能够用一副七巧板拼成多少个五边形？请动手拼一拼，并试着画出拼出的图形。

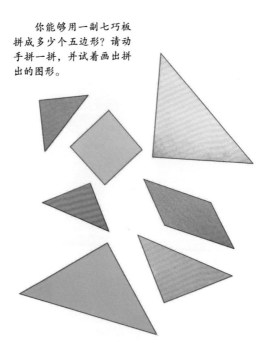

　　七巧板是中国最古老的智力玩具之一，由一个正方形，五个三角形，一个平行四边形组成。五边形不同于三角形和四边形，其内角可以大于180°，因此引起研究七巧板数学家的兴趣，马丁·加德纳在1974年《科学美国人》的"数学游戏"专栏中提供了七巧板拼五边形的解法。

九月

14

星期日

农历乙巳年
七月廿三

2025

重要 紧急

今日学习计划

许多从未有机会了解更多数学的热闹，把数学与算术混为一谈，并认为它是一门枯燥乏味的科学。然而，事实上，数学是一门需要大量想象的科学。

柯瓦列夫斯卡娅

С. В. Ковалевская
俄国数学家
俄国历史上获"圣彼得堡科学院院士"称号的
第一位女性

昨日答案

最多可拼成 16 个五边形。

九月

15

星期 一

农历乙巳年
七月廿四

2025

重要 紧急

今日学习计划

勾股定理

我国古代名著《周髀算经》记载，在西周开国时，商高与周公姬旦的对话中说到"勾广三，股修四，径隅五"，即"勾三股四弦五"。勾股定理这个名称来源于此。意思是在直角三角形中，两直角边的平方和等于斜方的平方。

九月

16

星期二

2025

农历乙巳年
七月廿五

重要 紧急

今日学习计划

　　据传，公元前 550 年左右，古希腊学者毕达哥拉斯在发现勾股定理时，曾聚集众多民众，宰杀百头牛、羊以谢神的暗示。西方学者把关于直角三角形三边关系定理的发现和证明归功于毕达哥拉斯，并称之为毕达哥拉斯定理。

九月

17

星期三

农历乙巳年
七月廿六

2025

重要 紧急

今日学习计划

我国最早给出勾股定理证明的是三国时期（222—280）吴国数学家赵爽。他创制了"勾股圆方图"，用数形结合的方式，给出了详细证明。

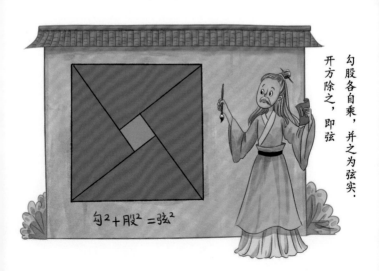

勾²+股²=弦²

勾股各自乘，并之为弦实；开方除之，即弦

18

九月

农历乙巳年
七月廿七

2025

重要 紧急

今日学习计划

三国时期，我国古代另一位数学家刘徽，给出了勾股定理不用代数计算的一个证明方法：将两个小正方形通过移、合、补、拼等方法，自然而然地得出结论。

19

九月

星期五

2025

农历乙巳年
七月廿八

重要 紧急

今日学习计划

据传，1876 年，一位美国中年人给出了关于勾股定理的新证明方法，并发表在《新英格兰教育日志》上。这位中年人就是美国第二十任总统伽菲尔德。因此，有人戏称这个证法为"总统证法"。

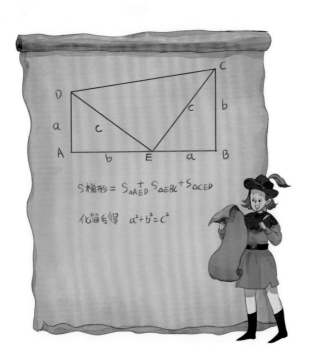

20

九月

农历乙巳年
七月廿九

2025

重要 紧急

今日学习计划

丢番图的『墓志铭』

过路人，这座石墓里安葬着丢番图。他生命的 $\frac{1}{6}$ 是幸福的童年，生命的 $\frac{1}{12}$ 是青少年时期。又过了生命的 $\frac{1}{7}$ 他才结婚。婚后 5 年有了一个孩子，孩子活到他父亲一半的年纪便死去了。孩子死后，丢番图在深深的悲哀中又活了 4 年，也结束了尘世生涯。过路人，你知道丢番图的年纪吗？

丢番图是古希腊著名数学家，他是代数学的创始人之一，对算数理论有着深入的研究。这首诗相传为丢番图的墓志铭。

提示：可通过一元一次方程求解。

21

九月

农历乙巳年
七月三十

2025

重要 紧急

今日学习计划

数学的本质在于它的自由。

格奥尔格·康托尔

Cantor，Georg Ferdinand Ludwig Philipp
德国数学家
集合论的创始人

昨日答案

丢番图活了 84 年。

九月

22

农历乙巳年
八月初一

2025

重要 紧急

今日学习计划

柯西

Cauchy，Augustin Louis（1789—1857），法国数学家。在数学领域，很多数学的定理和公式都以柯西的名字来命名，如柯西积分、柯西公式、柯西不等式、柯西定理、柯西函数、柯西矩阵、柯西分布、柯西变换、柯西准则等等。

九月

23

2025

农历乙巳年
八月初二

重要 紧急

秋
分

今日学习计划

柯西的绰号

柯西经常看数学家拉格朗日的书，别人称他是"脑筋噼里啪啦叫的人"，意即神经病。他母亲听到后就写信问他。柯西回信道："亲爱的母亲，您的孩子像原野上的风车，数学和信仰就是他的双翼一样，当风吹来的时候，风车就会平衡地旋转，产生帮助别人的动力。"

九月

24

星期三

农历乙巳年
八月初三

2025

重要 紧急

今日学习计划

黎曼

波恩哈德·黎曼（Riemann，Friedrich Bernhard，1826—1866），德国数学家。黎曼对数学分析和微分几何做出了重要贡献，以他的名字命名的数学概念有黎曼ζ函数、黎曼积分、黎曼引理、黎曼流形、黎曼映照定理、黎曼－希尔伯特问题、黎曼思路回环矩阵和黎曼曲面。

25

九月

农历乙巳年
八月初四

2025

重要 紧急

今日学习计划

希尔伯特

　　戴维·希尔伯特（David Hilbert, 1862—1943），德国著名数学家，被称为"数学界的无冕之王"。他于 1900 年在巴黎第二届国际数学家大会上，提出了 23 个数学问题。他对这些问题的研究有力地推动了 20 世纪数学的发展，在世界上产生了深远的影响。

九月

26

农历乙巳年
八月初五

2025

星期五

重要 紧急

今日学习计划

康托尔

　　格奥尔格·康托尔（Cantor，Georg Ferdinand Ludwig Philipp，1845—1918），德国数学家，集合论的创始人。康托尔对数学的贡献是集合论和超穷数理论。康托尔曾证明了一条直线上的点能够和一个平面上的点一一对应，也能和空间中的点一一对应。

27

九月

星期六

2025

农历乙巳年
八月初六

重要 紧急

今日学习计划

罗素悖论

　　伯特兰·阿瑟·威廉·罗素（Bertrand Arthur William Russell，1872—1970），英国数学家。他提出了著名的罗素悖论，引发了第三次数学危机。

九月

28

星期日

2025

农历乙巳年
八月初七

重要 紧急

今日学习计划

理发师悖论

罗素悖论更为通俗的描述就是理发师悖论。有一位理发师说："我只给不给自己刮脸的人刮脸。"他能不能给他自己刮脸呢？如果他不给自己刮脸，他就属于"不给自己刮脸的人"，他就要给自己刮脸，而如果他给自己刮脸呢？他又属于"给自己刮脸的人"，他就不该给自己刮脸。

29

九月

农历乙巳年
八月初八

2025

重要 紧急

今日学习计划

梵塔

如图所示，A 杆上有 5 个圆盘，将其按照原样全部搬到 B 杆或者 C 杆上，并且在搬的过程中只能一个一个地移动，小的圆盘不能放在大的圆盘之下。请问最少需要移动几次？

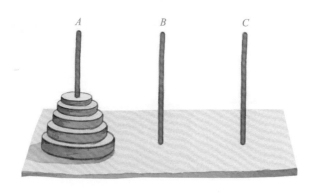

梵塔这种玩具，是法国数学教师 Claus 先生于 19 世纪 90 年代受印度大庙梵塔影响所设计的。即在一块板上有三根竖杆，其中 A 杆上有 3 个中间开孔的圆盘，它们从小到大，自上而下依次排列，B 杆和 C 杆上则没有圆盘。

提示：如果 A 杆上有 3 个圆盘，移动过程为 1—B，2—C，1—C，3—B，1—A，2—B，1—B。

30

九月

星期二

农历乙巳年
八月初九

2025

重要 紧急

今日学习计划

星期一	星期二	星期三	星期四	星期五	星期六	星期日
		01 国庆节	**02** 十一	**03** 十二	**04** 十三	**05** 十四
06 中秋节	**07** 十六	**08** 寒露	**09** 十八	**10** 十九	**11** 二十	**12** 廿一
13 廿二	**14** 廿三	**15** 廿四	**16** 廿五	**17** 廿六	**18** 廿七	**19** 廿八
20 廿九	**21** 九月	**22** 初二	**23** 霜降	**24** 初四	**25** 初五	**26** 初六
27 初七	**28** 初八	**29** 重阳节	**30** 初十	**31** 十一		

十月

OCT.

数学是所有科学的大门和钥匙。

罗杰·培根

Roger Bacon
英国哲学家、科学家
对近代欧洲的自然科学和唯物主义思想发展
有重大影响

昨日答案
31 次。

01

十月

星期三

2025

农历乙巳年
八月初十

重要 紧急

国庆节

今日学习计划

巧用『借一法』

一个古老的传说

　　古时候，有位老人老了，准备把自己喂的 19 头牛分给 3 个儿子。老人的要求是：老大分这群牛的 $\frac{1}{2}$，老二分这群牛的 $\frac{1}{4}$，老三分这群牛的 $\frac{1}{5}$，但是不能杀也不能卖。面对这 19 头牛，按老父的要求兄弟三人不知该怎么分。

02

十月

星期四

星期四

农历乙巳年
八月十一

2025

重要 紧急

今日学习计划

一个巧妙的解决办法

聪明的邻居牵来一头牛说："这事好办呀，我借给你们一头牛，分完后再把它还给我。"3个儿子按现有20头牛依次分得10头、5头、4头，剩下1头被邻居牵走了。这种"借1头牛来分，再还回牛"的方法，称为"借一法"。

十月

03

星期五

2025

农历乙巳年
八月十二

重要 紧急

今日学习计划

分牛故事引出的新问题

不妨假设分牛的总头数是 a，老人是将 a 头牛按 $\frac{1}{x}$、$\frac{1}{y}$、$\frac{1}{z}$ 的份额，依次分给了 3 个儿子。这样可得到一个含字母系数的方程。解这个不定方程，可得到 7 组整数解。而 $\frac{1}{2}$、$\frac{1}{4}$、$\frac{1}{5}$，以及 19（头牛），就是这 7 组解中的一组解。

不定方程 $\frac{a+1}{x} + \frac{a+1}{y} + \frac{a+1}{z} = a$

十月

04

星期六

农历乙巳年
八月十三

2025

重要 紧急

今日学习计划

分牛故事的"延伸"

一商店在搞促销活动：喝完的 4 个空瓶，可以兑换 1 瓶饮料。

一群小朋友共买了 24 瓶饮料，喝完后用空瓶换饮料，喝完后再换。想一想，他们用 24 瓶的钱，借助"空瓶换饮料"，最后一共能喝多少瓶饮料？

十月

星期日

农历乙巳年
八月十四

2025

重要 紧急

今日学习计划

"借一法"的应用

　　小朋友用喝完的 24 个空瓶换回 6 瓶饮料，喝完后又换回 1 瓶，这样余下 3 个空瓶。一个小朋友向店家借 1 个空瓶，合起来兑换 1 瓶饮料，喝完后空瓶还回店家。借助店家的促销活动，用"借一还一"的方法，多喝了 8 瓶饮料。因此，一共能喝 32 瓶饮料。

十月

06

农历乙巳年
八月十五

2025

重要 紧急

中
秋
节

今日学习计划

数言诗

如果用数表示如下诗句各字：
白 日 依 山 尽，黄 河 入 海 流。
1　2　3　4　5　　6　7　8　9　10
欲 穷 千 里 目，更 上 一 层 楼。
11　12　13　14　15　16　17　18　19　20

　　用这首诗中的 4 个字组成一句成语，其中第一个字是第二个字的 9 倍，第四个字比第三个字多 1，第二个字是第四个字的 $\frac{1}{7}$，第三个字比第一个字的一半多 4，请你猜猜这个成语是什么。

07

十月

星期二

农历乙巳年
八月十六

2025

重要 紧急

今日学习计划

在数学的领域中，提出问题的艺术比解答问题的艺术更为重要。

格奥尔格·康托尔

Cantor，Georg Ferdinand Ludwig Philipp
德国数学家
集合论的创始人

 昨日答案

一日千里。

十月

08

农历乙巳年
八月十七

2025

重要 紧急

寒露

今日学习计划

诺特

埃米·诺特（Emmy Noether，1882—1935），德国数学家。她完成的论文《环中的理想论》是一项非常了不起的数学创造，它标志着抽象代数学真正成为一门数学分支。诺特也因此被誉为是"现代数学代数化的伟大先行者""抽象代数之母"。

十月

09

农历乙巳年
八月十八

2025

重要 紧急

今日学习计划

拉马努金

　　斯里尼瓦瑟·拉马努金（Srīnivāsa Rāmāṇujan Aiyaṅ，1887—1920），印度数学家。他没受过正规的高等数学教育，沉迷数论，尤爱牵涉 π、质数等数学常数的求和公式，以及整数分拆。他在伽马函数、模形式、发散级数、超几何级数和质数理论等领域做出了重大突破和发现。

10

十月

农历乙巳年
八月十九

星期五

2025

重要 紧急

今日学习计划

拉马努金与整数

相传，哈代探望拉马努金说："我乘出租车来，车牌号码是 1729，这数真没趣，希望不是不祥之兆。"拉马努金答道："不，那是个有趣的数，可以用两个立方之和来表达而且有两种表达方式的数。"（即 $1729 = 1^3 + 12^3 = 9^3 + 10^3$）利特尔伍德回应这则轶闻说："每个整数都是拉马努金的朋友。"

11

十月

2025

星期六

农历乙巳年
八月二十

重要 紧急

今日学习计划

拉马努金奖

拉马努金奖是以印度天才数学家拉马努金（Srinivasa Ramanujan）的名字命名的，由国际理论物理中心（ICTP）、印度科技部（DST，Government of India）和国际数学联盟（IMU）共同颁发的一个奖项。该奖每年颁予当年 12 月 31 日未满 45 周岁、做出杰出科研工作的发展中国家的青年数学家。

十月

12

星期日

农历乙巳年
八月廿一

2025

重要 紧急

今日学习计划

庞特里亚金

Pontryagin，Lev Semionovich（1908年—1988），俄罗斯数学家。他的研究领域涉及拓扑学、代数、控制论等。他于 20 世纪 50 年代开始研究振动理论和最优控制理论，以庞特里亚金的极值原理著称于世。

十
月

13

星期一

农历乙巳年
八月廿二

2025

重要 紧急	
今日学习计划	

图灵

阿兰·麦席森·图灵（Alan Mathison Turing，1912—1954），英国数学家和逻辑学家，被称为计算机科学之父、人工智能之父，是计算机逻辑的奠基者，提出了"图灵机"和"图灵测试"等重要概念。曾协助英国破解德国的著名密码系统"谜"，帮助盟军取得了"二战"的胜利。

十月

14

星期二

农历乙巳年
八月廿三

2025

重要 紧急

今日学习计划

图灵奖

为了纪念图灵，美国计算机协会于 1966 年设立了图灵奖，又叫"A.M. 图灵奖"，专门奖励那些对计算机事业做出重要贡献的个人。一般每年只奖励一名计算机科学家，只有极少数年度有两名在同一方向上做出贡献的科学家同时获奖，被誉为"计算机界诺贝尔奖"。

15

十月

星期三

农历乙巳年
八月廿四

2025

重要 紧急

今日学习计划

八仙定座

八仙同赴王母宴，排成圆圈围坐圆桌，官员通过掷两粒骰子来进行定座。从第一个人开始数起，依次数到这个点数时，这个人就排除在外。继续按此点数排除人，到最后留下谁，谁就入座首席。将吕洞宾安排在哪个位置，无论骰子掷出多少点，都无法入座首席？

提示：骰子点数掷出为 2，3，4，…，10，11，12 时，最后的胜者为编号 1，7，6，3，1，4，4，8，7，4，5 号的人，胜者中唯独没有编号 2。

十
月

16

2025

农历乙巳年
八月廿五

重要 紧急

今日学习计划

历史使人聪明，诗歌使人机智，数学使人精细，哲学使人深邃，道德使人严肃，逻辑与修辞使人善辩。

弗朗西斯·培根

Francis Bacon
英国哲学家、政治家、科学家、法学家
提出了科学归纳法

昨日答案
将吕洞宾安排在第二个位置进行数数。

十
月

星期五

农历乙巳年
八月廿六

2025

重要 紧急

今日学习计划

算筹 中国古代计算工具——

古代世界各地的计算工具

在古代，许多民族曾使用各种不同的计算工具。如巴比伦人在泥板上刻字；古埃及人在水草叶子上写字；古印度人和阿拉伯人用沙盘或小木棍在地上写字。我国古代用来计算的工具是算筹，常用一样长短和粗细的小竹棍制成。

18

十月

星期六

农历乙巳年
八月廿七

2025

重要 紧急

今日学习计划

用算筹表示数

利用算筹表示数和计算，称为筹算。对于筹算在我国古代究竟是何时开始的这一问题，没有定论。但可以肯定的是，最迟在春秋战国（约公元前841—公元前221）时期，人们已经能够运用算筹来进行计算了。

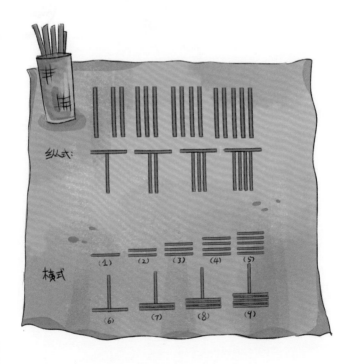

十

月

19

星期日

农历乙巳年
八月廿八

2025

重要 紧急

今日学习计划

用算筹表示自然数

我国古代用算筹表示多位数时，实际上是与十进制配合的。方法是个位用纵式，十位用横式，百位用纵式，千位用横式，以此类推，遇零时置空。这样就能用算筹表示出任意的自然数了。

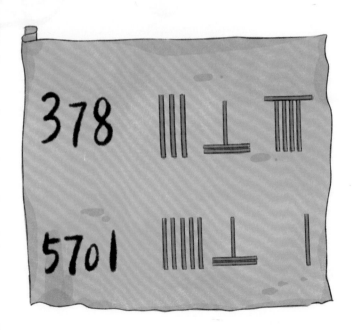

十月

20

星期一

农历乙巳年
八月廿九

2025

重要 紧急

今日学习计划

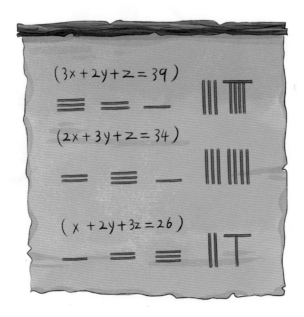

算筹式矩阵

我国古代数学名著《九章算术》的第 8 章《方程》的第 1 个问题，就可列出方程组来解。即

$$\begin{cases} 3x + 2y + z = 39 \cdots\cdots（1） \\ 2x + 3y + z = 34 \cdots\cdots（2） \\ x + 2y + 3z = 26 \cdots\cdots（3） \end{cases}$$

十月

21

星期二

农历乙巳年
九月初一

2025

重要 紧急

今日学习计划

算盘代替了"算筹"

随着社会生产和经济的发展，计算工具和方法需不断改进。我国唐代，为适应发展开始了筹算简捷算法研究，但收效甚微。直到明代，程大位的以珠算为主要计算工具的算书——《算法统宗》广为流传，筹算才逐步退出历史舞台。

22

十月

星期三

农历乙巳年
九月初二

2025

重要 紧急

今日学习计划

虫蚀算

如图所示，算式中画□的地方被虫蛀坏了，请你使用算术方法恢复数字，使得原来的算式成立。

$$
\begin{array}{r}
6\ \square \\
\times\ 2\ 7\ 3 \\
\hline
\square\ \square\ 5 \\
\square\ \square\ \square \\
+\ \square\ \square\ \square\ \ \ \\
\hline
\square\ \square\ \square\ 4\ 5 \\
\end{array}
$$

　　虫蚀算，又称虫蛀算式，最早起源于日本藤田贞资 1781 年所著的《精要算法》。它是在一个竖式里，有大量的"洞"，要求玩者填上数字的一种趣题。这些洞像虫咬掉的，因此得名。

23

十月

农历乙巳年
九月初三

2025

重要 紧急

霜降

今日学习计划

做数学的艺术在于找到一个特例，其中隐含了所有推广的胚芽。

大卫·希尔伯特

David Hilbert
德国数学家
20 世纪最伟大的数学家之一
被后人称为"数学世界的亚历山大"

昨日答案

			6	5
×		2	7	3
		1	9	5
	4	5	5	
+	1	3	0	
	1	7	7	4	5

十月

24

星期五

农历乙巳年
九月初四

2025

重要 紧急

今日学习计划

阿贝尔

尼尔斯·亨利克·阿贝尔（Niels Henrik Abel，1802—1829），挪威数学家，在很多数学领域做出了开创性的工作。他最著名的一个成果是首次完整地给出了高于四次的一般代数方程没有一般形式的代数解的证明。这个问题是他那个时期最著名的未解决问题之一，悬疑达 250 多年。

25

十月

星期六

农历乙巳年
九月初五

2025

重要 紧急

今日学习计划

阿贝尔奖

　　为了纪念挪威著名数学家阿贝尔二百周年诞辰，挪威政府宣布设立阿贝尔奖，以扩大数学的影响，吸引年轻人从事数学研究。奖金的数额大致同诺贝尔奖相近。设立此奖的一个原因也是因为诺贝尔奖没有数学奖项。2001 年，挪威政府拨款 2 亿挪威克朗作为启动资金。

十月

26

星期日

农历乙巳年
九月初六

2025

重要 紧急

今日学习计划

菲尔兹

约翰·查尔斯·菲尔兹（John Charles Fields，1863—1932），加拿大数学家，加拿大皇家学会会员，还曾被选为英国皇家学会、苏联科学院等许多科学团体的成员。他主张数学发展应是国际性的，对于促进北美洲的数学发展作出了很大的贡献。

十月

27

星期一

农历乙巳年
九月初七

2025

重要 紧急

今日学习计划

菲尔兹奖

    菲尔兹奖（Fields Medal）是根据加拿大数学家菲尔兹的要求设立的，于 1936 年首次颁发。每四年颁奖一次，每次颁给二至四名有卓越贡献的在该年元旦前未满四十岁的年轻数学家。每人将得到 15000 加拿大元的奖金和金质奖章一枚，号称数学界的"诺贝尔奖"。

十月

28

农历乙巳年
九月初八

2025

重要 紧急

今日学习计划

沃尔夫奖

　　德国人 R. 沃尔夫（Ricardo Wolf）及其家族在 1976 年 1 月 1 日捐献一千万美元成立了沃尔夫奖，主要是奖励对推动人类科学与艺术文明做出杰出贡献的人士，每年评选一次。该奖项的科学类别包括农业、物理、化学、数学、医学五种奖，每个奖项奖金 10 万美元。其中，沃尔夫数学奖影响最大。

十月

29

农历乙巳年
九月初九

星期三

2025

重要 紧急

重阳节

今日学习计划

帕斯卡

布莱士·帕斯卡（Blaise Pascal，1623—1662），法国数学家。他自幼聪颖，12岁通读《几何原本》并掌握了它。16岁时发现了著名的帕斯卡六边形定理：内接一个二次曲线的六边形的三双对边的交点共线。据说他后来由此推出400多条推论。17岁时写成《圆锥曲线论》。

十月

30

农历乙巳年
九月初十

2025

重要 紧急

今日学习计划

任意三角形内角和

帕斯卡证明

任意两个相同直角三角形一定能拼成长方形，每一个长方形的内角和是360°（四个直角），恰好包含了直角三角形的6个内角，所以一个直角三角形的内角和是360°÷2＝180°。在此基础上证明了任意锐角和钝角三角形的内角和都是180°。

法国著名数学家帕斯卡，在12岁时就已经发现了这种用直角三角形的内角和来证明其他三角形内角和是180°的方法。

十月

31

星期五

农历乙巳年
九月十一

2025

重要 紧急

今日学习计划

数学文化实践 10 年探索之旅

2015 年—2024 年，西南大学出版社组织团队先后在重庆、贵阳、杭州、青岛、武汉、厦门等成功举办了 10 届"全国小学数学文化优质课大赛"。

● 2015 年 6 月 4—5 日，第一届全国小学数学文化优质课大赛在重庆市高新区第一实验小学成功举办。

● 2016 年 5 月 15—26 日，第二届全国小学数学文化优质课大赛在重庆市华润谢家湾小学成功举办。

● 2017 年 5 月 21—24 日，第三届全国小学数学文化优质课大赛在贵州省贵阳市第一实验小学成功举办。

● 2018 年 5 月 24—25 日，第四届全国小学数学文化优质课大赛在浙江省杭州市高新实验小学举行。

● 2019 年 5 月 14—16 日，第五届全国小学数学文化优质课大赛在山东省青岛市兰亭小学校举行。

 ● 2020 年—2022 年，第六届、第七届、第八届"全国小学数学文化优质课网络大赛"以网络的形式成功举办。

● 2023 年 6 月 1—3 日，第九届小学数学文化优质课大赛在武汉经开外国语学校成功举办。

 ● 2024 年 5 月 30 日—6 月 1 日，第十届幼儿园、小学数学文化优质课大赛在厦门市音乐学校、厦门市五缘实验幼儿园成功举办。

2017 年—2021 年，第一届至第五届重庆市数学文化节顺利开展; 2018 年—2021 年，第一至第三届海南省数学文化节成功举办。

 ● 2017—2021 年，第一届至五届重庆市数学文化节顺利开展。

● 2018—2021 年，第一届至三届海南省数学文化节成功举办。

星期一	星期二	星期三	星期四	星期五	星期六	星期日
					01 十二	**02** 十三
03 十四	**04** 十五	**05** 十六	**06** 十七	**07** 立冬	**08** 十九	**09** 二十
10 廿一	**11** 廿二	**12** 廿三	**13** 廿四	**14** 廿五	**15** 廿六	**16** 廿七
17 廿八	**18** 廿九	**19** 三十	**20** 十月	**21** 初二	**22** 小雪	**23** 初四
24 初五	**25** 初六	**26** 初七	**27** 初八	**28** 初九	**29** 初十	**30** 十一

十一月

NOV.

2025

九树十行

九树成行，每行三棵树，种法有多样，请你试试看。

"九树十行"问题出自英国 1821 年出版的一本古老的趣味算题集。这道经典数学题的原文被传到我国以后，变成了诗歌，意思是：将九棵树需要栽种成十行，每行需要有三棵树，请你思考如何栽种。

01

十一月

星期六

2025

农历乙巳年
九月十二

重要 紧急

今日学习计划

数学，正确地看，不仅拥有真，也拥有至高的美。一种冷而严峻的美，一种屹立不摇的美。

伯特兰·罗素

Bertrand Russell

英国哲学家、数学家、逻辑学家、历史学家、文学家

昨日答案

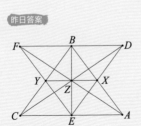

十一月

星期日

农历乙巳年
九月十三

2025

重要 紧急

今日学习计划

有趣的进位制

十进制的来历

"进位制"是人们在计数时规定的一种进位方法。在人类"扳手指"数数的阶段，由于人类长着 10 根手指，这大概是十进制计数方法产生的重要原因。早在公元前 14 世纪，中国商代的一片甲骨文上，就有"十进制计数"的记载。

03

十一月

星期一

农历乙巳年
九月十四

2025

重要 紧急

今日学习计划

常用的十进制

我国在很早就认识了十进制计数。常用的十进制计数法，是指每相邻两个计数单位之间的进率为 10 的计数方法。哪一位上满 10，就向前一位进 1。每个用十进制表示的数，都是 10 的各个整数次幂的和，例如：$457 = 4 \times 10^2 + 5 \times 10 + 7$。

数级		亿级				万级				个级			
数位	…	千亿位	百亿位	十亿位	亿位	千万位	百万位	十万位	万位	千位	百位	十位	个位
计数单位	…	千亿	百亿	十亿	亿	千万	百万	十万	万	千	百	十	一个

十一月

04

农历乙巳年
九月十五

2025

重要 紧急

今日学习计划

神奇的二进制

二进制只用 0 和 1 两个数码。由小到大，1 后面是 2，但没有 2 这个数码，于是"逢 2 进 1"，记为 10。每个用二进制表示的数，都是 2 的各个整数次幂的和，例如：

$101（2）= 1 \times 2^2 + 0 \times 2^1 + 1$；

$11010（2）= 1 \times 2^4 + 1 \times 2^3 + 0 \times 2^2 + 1 \times 2^1 + 0$。

05

十一月

农历乙巳年
九月十六

2025

重要 紧急

今日学习计划

计算机"依靠"二进制

二进制的发明者莱布尼茨曾说："1 与 0 是一切数字的神奇渊源。"计算机在进行运算时所采用的二进制是一个微小的"开关","开"和"关"分别用 1 和 0 表示。这容易被计算机识别和处理,从而可以进行复杂的运算。

十一月

06

农历乙巳年
九月十七

2025

重要 紧急

今日学习计划

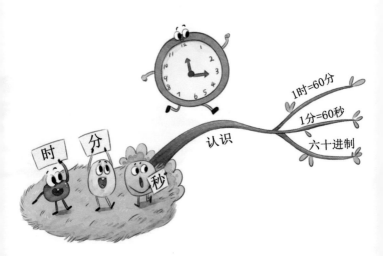

时　分　秒

认识

1时=60分

1分=60秒

六十进制

生活中的进位制

　　过去和现在，居住不同地域的人们在日常生活中，使用过不同的进位制计数。如常用的"六十进位制""十二进位制"。以前，还用过"十六进位制"等。

07

十一月

农历乙巳年
九月十八

2025

重要 紧急

立冬

今日学习计划

柳卡问题

　　法国数学家柳卡在国际数学会议上向其他人提出一个问题：某公司每天中午都有一艘轮船从巴黎开往纽约，并且每天同一时刻也有一艘轮船从纽约开往巴黎。轮船在途中所花时间都是七昼夜，而且都是匀速航行在同一条航线上。今天中午从巴黎开出的轮船，在开往纽约的航行过程中，将会遇到几艘同一公司的轮船迎面开来？

　　提示：将线段七等分，每一等份都表示轮船一昼夜的行程。

08

十一月

星期六

2025

农历乙巳年
九月十九

重要 紧急

今日学习计划

数学可以对比各种各样的现象，并发现连接这些现象的秘密类比关系。

约瑟夫·傅里叶

Joseph Fourier
法国数学家、物理学家
提出傅里叶级数
对 19 世纪的数学和物理学的发展产生了深远影响

昨日答案

15 艘。

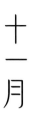

十一月

09

2025

农历乙巳年
九月二十

重要 紧急

今日学习计划

哥德巴赫

Goldbach C（1690—1764），不是职业数学家，而是一个喜欢研究数学的富家子弟。他喜欢到处旅游，结交数学家，然后跟他们通信。哥德巴赫之所以在数学上负有盛名，是由于他在 1742 年给欧拉的一封信中提到"哥德巴赫猜想"。

十一月

10

农历乙巳年
九月廿一

2025

重要 紧急

今日学习计划

哥德巴赫猜想

　　哥德巴赫给欧拉的一封信中提到"哥德巴赫猜想"：（a）任何一个大于等于（≥）6 的偶数，都可以表示成两个奇质数之和；（b）任何一个大于等于（≥）9 的奇数，都可以表示成三个奇质数之和。欧拉回信认为命题正确，但无法证明。欧拉改为：任何一个大于 2 的偶数都是两个素数之和。

11

十一月

2025

农历乙巳年
九月廿二

重要 紧急

今日学习计划

探索哥德巴赫猜想的数学家们（一）

关于偶数可表示为 a 个质数的乘积与 b 个质数的乘积之和（简称"$a+b$"问题）进展如下：1920 年，挪威的布朗证明了"9+9"。1924 年，德国的拉特马赫证明了"7+7"。1932 年，英国的埃斯特曼证明了"6+6"。

12

十一月

星期三

农历乙巳年
九月廿三

2025

重要 紧急

今日学习计划

探索哥德巴赫猜想的数学家们（二）

1937 年，意大利的蕾西先后证明了"5+7""4+9""3+15"和"2+366"。1938 年，苏联的布赫夕太勃证明了"5+5"。1940 年，苏联的布赫夕太勃证明了"4+4"。1948 年，匈牙利的瑞尼证明了"1+c"，其中 c 是一很大的自然数。

十一月

13

星期四

2025

农历乙巳年
九月廿四

重要 紧急

今日学习计划

探索哥德巴赫猜想的数学家们（三）

1956 年，中国的王元证明了"3+4"。1957 年，中国的王元先后证明了"3+3"和"2+3"。1962 年，中国的潘承洞和苏联的巴尔巴恩证明了"1+5"，中国的王元证明了"1+4"。

14

十一月

农历乙巳年
九月廿五

2025

重要 紧急

今日学习计划

探索哥德巴赫猜想的数学家们（四）

1965 年，苏联的布赫夕太勃、小维诺格拉多夫和意大利的朋比利证明了"1＋3"。1966 年，中国的陈景润证明了"1＋2"。

15

十一月

星期六

农历乙巳年
九月廿六

2025

重要 紧急

今日学习计划

方环面积

方环田外周五十六步，
内周二十四步，得田几何？

出自《翠微山房算学》，其意为："有一块方环
形的田地，它的外围周长为 56 步，内围方环的周长
是 24 步，这块方形田的面积是多少？"

注："步"为古时候的长度单位。

16

十一月

星期日

农历乙巳年
九月廿七

2025

重要 紧急

今日学习计划

数学能促进人们对美的特性——数值、比例、秩序等的认识。

亚里士多德

Aristotle
古代先哲、古希腊人
世界古代史上伟大的哲学家、科学家和教育家之一

 昨日答案

160 平方步。

17

十一月

农历乙巳年
九月廿八

2025

重要 紧急

今日学习计划

丢番图的故事

代数学家丢番图

　　丢番图是古希腊亚历山大后期的重要学者和数学家，也是代数学的创始人之一。他完全脱离了几何形式，以研究代数闻名于世。但世人对他的生平所知甚少，只有读了丢番图的墓志铭后，人们对他的生平才略知一二。

18

十一月

星期二

农历乙巳年
九月廿九

2025

重要 紧急

今日学习计划

诗歌形式的墓志铭

关于丢番图的生平，我们只能从《希腊诗文集》中找到，这是希腊诗人麦特罗尔为丢番图写的"墓志铭"，用诗歌形式写成。要想知道他的生平，请计算下面的方程，便可知道他一生经历了多少寒暑。

坟中安葬着丢番图，多么令人惊讶，它忠实地记录了所经历的道路。

上帝给予他的童年占六分之一，

又过了十二分之一，两颊长胡，

再过七分之一，点燃起结婚的蜡烛，

五年之后天赐贵子，

可怜迟来的儿子，享年仅及其父之半，便进入冰冷的墓。

悲伤只有用数论的研究去弥补，

又过了四年，他也走完了人生的旅途。

终于告别数学，离开了人世。

19

十一月

农历乙巳年
九月三十

2025

重要 紧急

今日学习计划

墓志铭告诉人们什么?

人们用方程来解决,设丢番图活了 x 岁,童年 $\frac{x}{6}$ 岁,少年 $\frac{x}{12}$ 岁,过去 $\frac{x}{7}$ 年,建立了家庭,儿子活了 $\frac{x}{}$ 岁,按这篇诗文所述,列出方程并解得知,丢番图活了 84 岁。

十一月

星期四

农历乙巳年
十月初一

2025

重要 紧急

今日学习计划

"墓志铭"引申出的一个问题

有人问："尊敬的毕达哥拉斯先生，能告诉我有多少学生听你讲课？"毕达哥拉斯回答道："一共有这么多学生在听课，其中 $\frac{1}{2}$ 在学数学，$\frac{1}{4}$ 在学音乐，$\frac{1}{7}$ 沉默无言，此外，还有 3 名妇女。"这与丢番图的"墓志铭"是否相似？

21

十一月

星期五

2025

农历乙巳年
十月初二

重要 紧急

今日学习计划

还有一个关于丢番图学生的故事

丢番图的学生帕普斯向他提问："有四个数，把其中三个数相加，其和分别是 22，23，27，20，求这四个数。"丢番图笑着答道："这里看起来有四个未知数，只选一个设为 x，选得好，做起来就简单。"想一想，选哪个为 x？

22

十一月

星期六

农历乙巳年
十月初三

2025

重要 紧急

小雪

今日学习计划

九圈填数问题

爱因斯坦的

爱因斯坦在为《法兰克福报》写稿时曾提出"九圈填数问题"：如图所示，九个圆心是四个小的等腰三角形的顶点，将1~9这九个数字填入圆中，要求这七个三角形中每个三角形的三个顶点上的数字之和都相同。

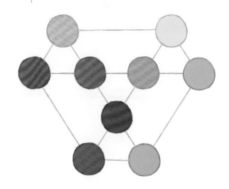

提示：1+2+3+…+9=45，45÷3=15，1至9中三个数相加等于15的算式只有1+5+9，1+6+8，2+4+9，2+5+8，2+6+7，3+4+8，3+5+7，4+5+6。

十一月

23

农历乙巳年
十月初四

2025

重要 紧急

今日学习计划

数学之美在于简约严谨，应用一些简单的数学定理把大自然万物的关系描述出来。我想物理学家和工程师也可以体会到数学的美，比如，电脑的各种各样的问题都可以用数学来解释。以简驭繁，这是一种很美好的感觉。这是与文化艺术共通的语言，张大千的国画，寥寥几笔，栩栩如生，跃然纸上。

丘成桐

Shing-Tung Yau
美籍华人
菲尔兹奖首位华人得主
当代最具影响力的数学家之一

昨日答案

见下图。（答案未全部列出，但中间的三角形上的数字只能是 4，5，6）

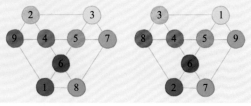

十一月

24

星期一

农历乙巳年
十月初五

2025

重要 紧急

今日学习计划

拉格朗日

　　约瑟夫·拉格朗日（Joseph-Louis Lagrange，1736—1813），法国籍意大利裔数学家和天文学家，被德国的腓特烈大帝称作"欧洲最伟大的数学家"，他的成就包括著名的拉格朗日中值定理，创立了拉格朗日力学等等。

25

十一月

星期二

农历乙巳年
十月初六

2025

重要 紧急

今日学习计划

拉普拉斯

皮埃尔－西蒙·拉普拉斯（Pierre-Simon marquis de Laplace，1749—1827），法国著名的数学家。法兰西学院院士。1812年发表了重要的《概率分析理论》一书，该书总结了当时整个概率论的研究，论述了概率在选举、审判、调查、气象等方面的应用，导入"拉普拉斯变换"等。

26

十一月

星期三

农历乙巳年
十月初七

2025

重要 紧急

今日学习计划

雅可比

　　卡尔·雅可比（Jacobi，Carl Gustav Jacob，1804—1851），德国数学家，雅可比与欧拉一样也是一位在数学上多产的数学家，是椭圆函数理论的奠基人之一。他成功地在数论中引入椭圆函数，在行列式、矩阵、数学史等方面颇有研究。

27

十一月

星期四

农历乙巳年
十月初八

2025

重要 紧急

今日学习计划

埃尔米特

Charles Hermite（1822—1901），法国数学家。他大学入学考了五次，大学差点毕不了业，毕业后考不上任何研究所，都是因为考不好数学。尽管数学考试是他一生的噩梦，但数学是他一生的至爱。他首先提出"共轭矩阵"，证明了自然对数的底的"超越数性质"。

28

十一月

星期五

农历乙巳年
十月初九

2025

重要 紧急

今日学习计划

埃尔米特曾是『问题学生』

埃尔米特是个问题学生，经常找老师辩论，尤其痛恨考试。他后来说："学问像大海，考试像鱼钩。老师把鱼挂在鱼钩上，教鱼怎么能在大海中学会自由、平衡的游泳。"

29

十一月

2025

农历乙巳年
十月初十

重要 紧急

今日学习计划

做对几道题

　　意大利数学家克拉维斯在其所著的《实用算术概论》一书中出了这样一题。父亲对儿子说："做对一道题给 8 分，做错一道题扣 5 分。"儿子做完 26 道题，得了 0 分。请问，儿子做对了几道题？

30

十一月

星期日

2025

农历乙巳年
十月十一

重要 紧急

今日学习计划

星期一	星期二	星期三	星期四	星期五	星期六	星期日
01 十二	02 十三	03 十四	04 十五	05 十六	06 十七	07 大雪
08 十九	09 二十	10 廿一	11 廿二	12 廿三	13 廿四	14 廿五
15 廿六	16 廿七	17 廿八	18 廿九	19 三十	20 冬月	21 冬至
22 初三	23 初四	24 初五	25 初六	26 初七	27 初八	28 初九
29 初十	30 十一	31 十二				

十二月

DEC.

2025

数学是上帝用来书写宇宙的文字。

伽利略

Galileo Galilei
意大利物理学家、数学家、天文学家及哲学家
科学革命中的重要人物

 昨日答案

10

十二月

01

农历乙巳年
十月十二

2025

重要 紧急

今日学习计划

关于幂的一个传说

乘方和幂

数学里，把 n 个相同的因数 a 相乘，记作 a^n。法国著名的数学家笛卡儿早在 17 世纪就采用了这种记法。这种求 n 个因数的积的运算，叫作乘方，乘方的结果叫作幂。我们接着就来讲一个"关于幂的古老传说"。

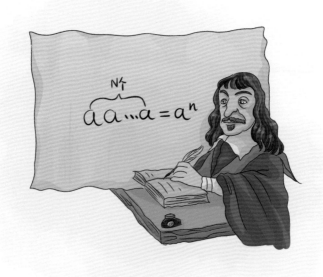

02

十二月

星期二

农历乙巳年
十月十三

2025

重要 紧急

今日学习计划

一个古老的传说

传说古印度的一位大臣发明了国际象棋，舍罕王大喜，准备重赏他。大臣说："陛下，请在这张棋盘的第一个小格内赏我 1 粒麦子，第二个小格 2 粒，第三个小格 4 粒，照此下去，每一格都比前一格加 1 倍。请把这样摆满棋盘上 64 格的麦粒赏给我吧。"

03

十二月

2025

农历乙巳年
十月十四

重要 紧急

今日学习计划

无法实现的"要求"

国王应允大臣的要求，计数麦粒的工作开始了。第一格内放 1 粒，第二格内放 2 粒，第 3 格内放 4 粒……还没到第 20 格，一袋多麦子就空了。不一会，粮库中的麦子都运来了，还没有填满 64 格所需要的麦子。国王大惑不解。

04

十二月

星期四

农历乙巳年
十月十五

2025

重要 紧急

今日学习计划

要求的麦粒数到底是多少？

管库官员算出了这个数，总共要麦子：

$2^{64} - 1 = 18446744073709551615$（粒）。国王"傻眼"了。

十二月

05

农历乙巳年
十月十六

2025

重要 紧急

今日学习计划

传说中的要求能满足吗?

管库的官员说:"一升小麦约 15 万粒,照 2^{64} − 1 粒这个数算,需付给宰相 123 万亿升麦子才行。我们库房却没有这么多麦子。"因此,传说中发明国际象棋的大臣的要求是满足不了的。

123万亿升麦子

06

十二月

农历乙巳年
十月十七

2025

重要 紧急

今日学习计划

掉进漩涡里的数

一个自然数，如果它是偶数，那么用 2 除它；如果商是奇数，将它乘以 3 之后再加 1，这样反复运算，最终必然得 1。这个有趣的现象由日本数学家角谷静夫发现，因此被称为"角谷猜想"。

07

十二月

星期日

2025

农历乙巳年
十月十八

重要 紧急

大雪

今日学习计划

一门科学，只有当它成功地运用数学时，才能达到真正完善的地步。

马克思

K. Marx

德国的思想家、政治学家、哲学家、经济学家、历史学家和社会学家

昨日答案

至今未能被证明，但人们发现无论这个自然数是多少，在经过若干次变化之后最后三个数都是 4，2，1。

08

十二月

农历乙巳年
十月十九

2025

重要 紧急

今日学习计划

伯努利家族

Bernoulli family，17—18 世纪，原籍比利时安特卫普，这是一个盛产科学家的家族，产生了 8 名优秀数学家。伯努利家族最大的成就是推广和传播莱布尼兹的微积分，让其在欧洲大陆得到迅速发展，而且他们还培养了一大批著名的学者。

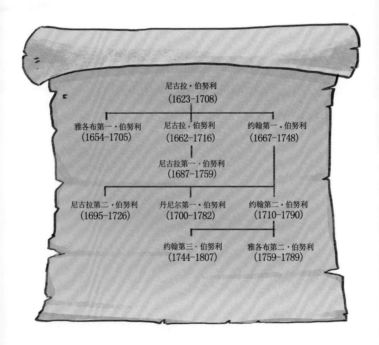

十二月

09

农历乙巳年
十月二十

2025

重要 紧急

今日学习计划

雅各布·伯努利

Jakob Bernoulli（1654—1705），瑞士数学家，伯努利家族代表人物之一。他是概率论的先驱之一，也是最早使用"积分"术语和使用极坐标系的数学家之一，提出了概率论中的伯努利试验与大数定理。

10

十二月

星期三

2025

农历乙巳年
十月廿一

重要 紧急

今日学习计划

约翰·伯努利

Johann Bernoulli（1667—1748），瑞士数学家，是老尼古拉·伯努利的第三个儿子。他首先使用"变量"这个词，并且使函数概念公式化。他提出了函数的概念："由变量 x 和常数所构成的式子叫作 x 的函数"，记作 X 或 ξ，后来又改用 φx 表示 x 的函数。

11

农历乙巳年
十月廿二

2025

重要 紧急

今日学习计划

丹尼尔·伯努利

　　Daniel Bernoulli（1700—1782），瑞士数学家，是伯努利家族中最杰出的一位。他最出色的工作是将微积分、微分方程应用到物理学，研究流体问题、物体振动和摆动问题，他被推崇为数学物理方法的奠基人。

12

十二月

星期五

农历乙巳年
十月廿三

2025

重要 紧急

今日学习计划

泊松

西莫恩·德尼·泊松（Simeon-Denis Poisson，1781—1840），法国数学家、几何学家和物理学家。泊松在数学方面贡献很多，最突出的是提出了概率论的泊松分布。数学中以他的姓名命名的定理或词汇有：泊松定理、泊松公式、泊松方程、泊松分布、泊松过程、泊松积分、泊松级数等。

13

十二月

星期六

农历乙巳年
十月廿四

2025

重要 紧急

今日学习计划

闵可夫斯基

Hermann Minkowski（1864—1909），德国数学家，在数论、代数、数学物理和相对论等领域有巨大贡献。他把三维物理空间与时间结合成四维时空（即闵可夫斯基时空）的思想为爱因斯坦的相对论奠定了数学基础。

14

十二月

星期日

农历乙巳年
十月廿五

2025

重要 紧急

今日学习计划

闵可夫斯基星

闵可夫斯基从小数学才能出众，早有神童之名。1873 年，他进入艾尔斯塔特预科学校读书。他思维敏捷，记忆力极佳，很快就表现出数学天赋，后来成为优秀的数学家。为纪念这位数学家，第 12493 号小行星以他的名字"闵可夫斯基星"命名。

15

十二月

农历乙巳年
十月廿六

2025

重要 紧急

今日学习计划

《算经十书》

《算经十书》是我国古代数学成就的代表，包含《周髀算经》《九章算术》《海岛算经》《孙子算经》《张邱建算经》《夏侯阳算经》《五经算术》《五曹算经》《缉古算经》《缀术》等汉、唐一千多年间的十部著名数学著作，曾是隋唐时代的标准数学教科书。

16

十二月

农历乙巳年
十月廿七

2025

重要 紧急

今日学习计划

《张邱建算经》

　　《张邱建算经》分卷上、卷中、卷下共三卷，篇首自序后题"清河张邱建谨序"，故知该书为张邱建所作。张邱建其人正史无传，生平事迹皆不可考。《张邱建算经》广泛吸取了《九章算术》的数学成果，书中许多问题或是直接来源于《九章算术》，或是加以新的变化。其成书年代多采用钱宝琮先生的观点，即 466 年到 484 年之间。

17

十二月

星期三

农历乙巳年
十月廿八

2025

重要 紧急

今日学习计划

回文数与回文诗

数学里的回文数

数学里有这样一些奇妙的数，无论"顺着读"还是"倒着读"，都是一样的。我们把这类数称为"回文数"。例如，52125 就是一个回文数。而 173 倒过来读，为 371，我们把 173 和 371 称为一对回文数。回文数具有"优美"的对称性。

18

十二月

星期四

农历乙巳年
十月廿九

2025

重要 紧急

今日学习计划

化为回文数的方法

任意写一个数，把它倒着写一遍，然后求和，称为一次性运算，如果其和不是回文数，再写出它的逆序数，再求和，称为二次运算。这样反复做，最后就可得到一个回文数。

如 154，$154+451=605$，$605+506=1111$。1111为回文数。

19

十二月

农历乙巳年
十月三十

2025

重要 紧急

今日学习计划

回文数猜想

但是，"经过有限步骤计算后，可以得到一个回文数"，这只是一个猜想，未经证实，还有更多的"猜想"，如："回文数有无穷多个""回文素数有无穷多个""有无穷多个相邻的回文素数"等。

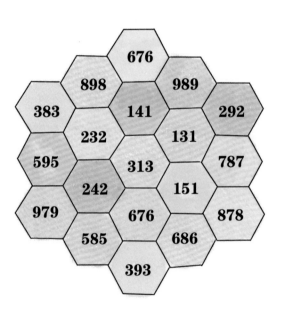

20

十二月

星期六

2025

农历乙巳年
十一月初一

重要 紧急

今日学习计划

文学中的回文诗

数学里有回文数，古诗里有回文诗。回文诗也可"倒着"读，"诗味"犹存。古代诗词中《晚秋即景》是一首回文七绝。作者情况不详，但给人印象深刻：烟霞映水碧迢迢，暮色秋声一雁遥。前岭落晖残照晚，边城古树冷萧萧。

21

十二月

星期日

农历乙巳年
十一月初二

2025

重要 紧急

冬至

今日学习计划

欣赏回文诗

　　将这首《晚秋即景》从头到尾倒过来，便是"萧萧冷树古城边，晚照残晖落岭前。遥雁一声秋色暮，迢迢碧水映霞烟。"这首回文诗顺读、倒读均能充分反映出作者在深秋"晚照余晖"时的孤寂心情。

22

十二月

农历乙巳年
十一月初三

2025

重要 紧急

今日学习计划

怀尔斯

安德鲁·怀尔斯（Andrew Wiles，1953—），英国著名数学家、牛津大学教授。安德鲁·怀尔斯 10 岁时，就被费马大定理吸引住了，并从此选择了数学作为终身职业。他于 1994 年证明了数论中历史悠久的"费马大定理"，并获菲尔兹奖。

23

十二月

星期二

2025

农历乙巳年
十一月初四

重要 紧急

今日学习计划

柯尔莫哥洛夫

安德列·柯尔莫哥洛夫（Андрей Николаевич Колмогоров，1903—1987），苏联数学家。五六岁时，柯尔莫哥洛夫就独自发现了奇数与平方数的关　系：$1 = 1^2$，$1 + 3 = 2^2$，$1 + 3 + 5 = 3^2$，$1 + 3 + 5 + 7 = 4^2$……体会到了数学发现的乐趣。他的研究几乎遍及数学的所有领域，做出许多开创性的贡献。

24

十二月

星期三

农历乙巳年
十一月初五

2025

重要 紧急

今日学习计划

冯·诺依曼

John von Neumann（1903—1957）, 美籍匈牙利数学家、计算机科学家，是 20 世纪最重要的数学家之一，在现代计算机、博弈论、核武器和生化武器等诸多领域内有杰出建树，是最伟大的科学全才之一，被后人称为"计算机之父"和"博弈论之父"。

25

十二月

星期四

2025

农历乙巳年
十一月初六

重要 紧急

今日学习计划

香农

克劳德·艾尔伍德·香农（Claude Elwood Shannon，1916—2001），美国数学家、信息论的创始人。香农是爱迪生的远亲。白天他总是关起门来工作，晚上则骑着他的独轮车来到贝尔实验室。香农提出了信息熵的概念，为信息论和数字通信奠定了基础。

26

十二月

农历乙巳年
十一月初七

2025

重要 紧急

今日学习计划

香农奖

香农奖（Shannon Award），全称"克劳德·E·香农奖"（Claude E. Shannon Award），是 IEEE 信息论学会为纪念美国的信息论创始人克劳德·艾尔伍德·香农而设置的奖项，旨在表彰对信息理论领域持续而深远的贡献。每年评选和颁发一次，每次授予 1 人。

27

十二月

星期六

2025

农历乙巳年
十一月初八

重要 紧急

今日学习计划

卡尔

　　卡尔·皮尔逊（Karl Pearson，1857—1936），
英国数学家，生物统计学家，数理统计学的创立者，
自由思想者，对生物统计学、气象学、社会达尔文主
义理论和优生学做出了重大贡献。他被公认是旧派理
学派和描述统计学派的代表人物，被誉为现代统计科
学的创立者。

28

十二月

农历乙巳年
十一月初九

2025

重要 紧急

今日学习计划

《算法统宗》

《算法统宗》全称《新编直指算法统宗》，由中国明代数学家程大位经过数十年的研究于 1592 年完成，是了解中国传统数学史和珠算史的必读书目。全书共 17 卷，收集了大量趣味算题，并以诗词歌诀的形式命题，趣味横生。它曾传至日本、朝鲜及东南亚地区，推动了汉字文化圈的数学发展。

29

十二月

星期一

2025

农历乙巳年
十一月初十

重要 紧急

今日学习计划

《五曹算经》

　　《五曹算经》是一册为地方行政官员编写的应用算术书，全书分为田曹、兵曹、集曹、仓曹、金曹等五卷，共计 67 题。第一卷主要为田亩面积计算，第二卷是关于军队配置及军需给养方面的问题，第三卷是关于物资储备、交换贸易方面的问题，第四卷是物资的征收、运输和粮仓计算问题，第五卷为财务货币及物品买卖相关问题。

30

十二月

农历乙巳年
十一月十一

星期二

2025

重要 紧急

今日学习计划

《缀术》

据记载，《缀术》原名为《缀述》，为中国南北朝数学家祖冲之所撰，后由其子祖暅整理与补充编纂而成。书中论述了"割圆术""开差幂""开差立"等问题，《隋书》中写道："学官莫能究其深奥，是故废而不理。"意指其内容非常深奥，主管学务的官员和教师也很难理解，因此未能重视。《缀术》曾传至朝鲜、日本，北宋时期逐渐失传。

31

十二月

农历乙巳年
十一月十二

2025

重要 紧急

今日学习计划

● 2017 年，课题"数学文化推进小学素质教育中的实践"获重庆市教学成果一等奖。

● 2017 年，课题"数学文化主题活动促进小学生数学学习的实践与探索"获贵州省第三届中小学（幼儿园）教学成果二等奖。

● 2018 年，课题"数学文化主题活动区域教研的实践与探索"获贵州省第三届中小学（幼儿园）教学成果二等奖。

● 2018 年，课题"数学文化推进小学苏州教育的实践探索"获国家级教学成果二等奖。

● 2021 年，课题"数学文化提升小学生数学素养的实践与推广"获重庆市教学成果一等奖。

● 2022 年，课题"数学文化教学促进小学生数学素养发展的省域探索"获山东省基础教育省级教学成果特等奖。

部分媒体报道

● 人民网报道：重庆市大渡口区实验小学成功举办"2015年全国数学文化在小学素质教育中的实践探索研讨会"，教育部基础教育课程教材中心刘月霞副主任、重庆市教委邓睿副主任参会。

● 甘肃省基础教育课程教材网报道："甘肃省数学文化在小学素质教育中的实践与探索研究启动会召开"，时任省教育厅副厅长、甘肃省基础教育课程教材专家工作委员会主任赵凯出席会议。

● 海南卫视报道："2020年全国'小学数学文化'课堂观摩研讨会"在海口举行，海南省教育厅党委委员、副厅长李燕仪致辞。

《数学文化》著名专家评述

张恭庆

中国科学院院士，中国数学会原理事长，北京大学教授、博士生导师

● 这套《数学文化》，既是学校数学课堂教学和教科书的补充，也是家长帮助孩子学习数学的良师益友，能真正为孩子进入数学的五彩世界修桥铺路，是一套很值得认真一读的科普读物。

刘应明

中国科学院院士，中国数学会原副理事长，四川大学教授、博士生导师

● 这套科普读物是推动我国小学数学素质教育发展的催化剂，是送给全国小朋友与家长的最好礼物。有了这套连环画形式的科普读物，我相信不少孩子会感到"数学好玩"。宋乃庆教授编著这套丛书是惠及子孙、功德无量的事，这在小学数学教育上也是一个大胆的尝试。

顾明远

中国教育学会会长，北京师范大学教授、博士生导师

● 这套《数学文化》把人们生活中的游戏、艺术、自然、环境、科学技术、经济、健康等情境与数学问题联系起来，把数学知识和数学的思维方式介绍给少年儿童，使他们饶有兴趣地学习数学。它是一套难得的由浅入深的数学科普读物，是一把让儿童轻易打开数学之门的金钥匙。

张奠宙

国际欧亚科学院院士，华东师范大学教授、博士生导师

● 这套丛书把数学文化的种子播撒在孩子们幼小的心灵里，功德无量。它用连环画的形式，承载比较抽象的数学知识，创意无限，任重而道远。让我们携手打造这份文化精品，努力开创中国数学文化事业的新局面。

王建磐

著名数学家，中国首批博士，华东师范大学教授、博士生导师

● 这套《数学文化》通俗地展示了数学的文化性和趣味性，由浅入深地挖掘了数学的知识、思想、方法和蕴含其中的人文精神，激发孩子们学习数

学的热情，让他们在故事中体验数学的魅力，启迪数学思维，充分展现了"数学好玩，数学好学，数学好用"。

周玉仁
教育部中小学教材审定委员会专家，北京师范大学教授、博士生导师
● 这套丛书有利于激发小学生数学学习的兴趣，有利于拓展小学生的数学视野，有利于促进小学数学文化的传播，也有利于在家庭教育中更好地实施素质教育。它是对广大小学生有益的课外读物。

郑毓信
国际数学教育委员会原执行委员，南京大学教授、博士生导师
● 这套丛书可以带你进入一个十分有趣的数学世界，你不仅可以学到许多数学知识，也会在智力上有很大收获，包括受到直接的文化熏陶。

李文林
中国数学史学会原理事长，中国科学院研究员、博士生导师
● 本套丛书是国内首创的以小学生为对象的数学文化连环画系列读物，形式新颖，设计富有创意，内容生动活泼，符合小学生的生活实际和认知特点，是小学数学文化读物精品。

代钦
全国数学教育研究会秘书长，内蒙古师范大学教授、博士生导师
● 宋乃庆教授的《数学文化》是为全国儿童和数学爱好者奉献的数学文化盛宴，充分展现了古今中外的数学文化智慧，创造了一套有血有肉、有生命力的数学文化普及读本。它是将数学的学术形态转化为教育形态的成功案例，也是指引少年儿童的心灵通往美好数学世界的灯塔。

张维忠
全国数学教育研究会副理事长，浙江师范大学教授、博士生导师
● 这套小学数学文化科普读物丛书，展现了一个五彩缤纷的数学世界，显示了数学的无穷魅力与价值，架起了一座数学与人文的美丽桥梁。

本书包含的数学趣题的解题思路等详见西南大学出版社天生云课程网站
（https://course.xdcbs.com/pages/column/column.html）

如需购买上述图书，请与西南大学出版社基础教育营销部联系。
联系人：周美君　　联系电话：（023）68252471